乡村振兴人才培育系列教材

现代设施农业

● 王 欣 张红艳 殷建平 主编

U0272305

中国农业科学技术出版社

图书在版编目（CIP）数据

现代设施农业 / 王欣，张红艳，殷建平主编.

北京：中国农业科学技术出版社，2024．6．-- ISBN
978-7-5116-6882-0

Ⅰ．S62

中国国家版本馆CIP数据核字第 2024YH8092 号

责任编辑　姚　欢
责任校对　王　彦
责任印制　姜义伟　王思文

出 版 者	中国农业科学技术出版社
	北京市中关村南大街 12 号　　邮编：100081
电　　话	（010）82106631（编辑室）　　（010）82106624（发行部）
	（010）82109709（读者服务部）
网　　址	https://castp.caas.cn
经 销 者	各地新华书店
印 刷 者	北京地大彩印有限公司
开　　本	140 mm×203 mm　1/32
印　　张	6.5
字　　数	181 千字
版　　次	2024 年 7 月第 1 版　　2024 年 7 月第 1 次印刷
定　　价	29.80 元

《现代设施农业》

编委会

随着全球人口的不断增长和经济的快速发展，农业现代化已成为世界各国共同面临的挑战和机遇。作为农业现代化的重要组成部分，现代设施农业以其独特的优势和广阔的发展前景，正逐渐成为推动农业转型升级的关键力量。

本书旨在全面介绍现代设施农业的基本理论、关键技术和实践应用。全书共分为八章，涵盖了现代设施农业的各个方面，包括现代设施农业概述、现代设施农业常用设施、设施农业环境调控、工厂化育苗技术、蔬菜设施栽培技术、花卉设施栽培技术、果树设施栽培技术、设施养殖技术。

本书在编写过程中，力求突出重点、内容新颖、技术先进，同时注重科学性和实用性，力求做到浅显易懂。

本书不仅可供从事设施农业的农民朋友培训使用，也可作为农业领域内专业人士的参考资料和实践指南。

鉴于时间仓促和编者水平有限，书中难免存在不足之处，诚恳地希望广大读者提出宝贵意见和建议，以便我们不断改进和完善。

编 者

2024年6月

目　录

第一章

现代设施农业概述

第一节　现代设施农业的概念和特点

一、现代设施农业的概念

现代设施农业是个综合概念，首先要有一个配套的技术体系做支撑，其次还必须能产生效益。现代设施农业要求设施设备、选用的品种和管理技术等紧密联系在一起。

现代设施农业是指利用现代信息技术、生物技术、工程装备技术与现代经营管理方式，为动植物生长提供相对可控的环境条件，在一定程度上摆脱自然依赖进行高效生产的农业类型。这种农业形式涵盖设施种植、设施畜牧、设施渔业和提供支撑服务的公共设施等。

二、现代设施农业的特点

与传统农业相比，现代设施农业展现出了显著的优越性和一些局限性。

（一）现代设施农业的优势

1. 生产效率的显著提升

现代设施农业通过精确控制动植物生长所需的环境条件，如温度、湿度、光照和二氧化碳浓度等，实现了动植物生长的全年无休。这种控制使得动植物生长周期缩短，产量增加，品质提升，从而大幅度提高了农业生产的效率和动植物的经济价值。

2. 资源利用的高效性

设施农业采用的节水灌溉系统和供饮系统、精准施肥技术以及循环利用系统等，有效减少了水和肥料的浪费，提高了资源的使用效率。例如，滴灌系统可以将水直接输送到植物根部，减少水分蒸发和浪费，同时减少土地盐碱化的风险。

3. 环境影响的最小化

设施农业通过创造一个受控的生长环境，减少了对农药、兽药和化肥的依赖，从而减轻了对自然环境的负担。此外，设施农业还可以通过循环利用废弃物和废水，减少对环境的污染，促进农业生产的可持续发展。

4. 作物品质的稳定性

在受控的环境中，动植物不受外界不利气候条件的影响，生长条件稳定，有助于保证动植物品质的一致性和稳定性。此外，通过选择适宜的品种和精确的栽培、饲养管理，设施农业能够生产出更符合市场和消费者需求的高品质农产品。

5. 病虫害的有效控制

设施农业的环境控制系统为预防和控制病虫害提供了有力手段。例如，通过调节温室内的温度和湿度，可以抑制害虫的繁殖和病害的发展，减少农药的使用量，从而生产出更安

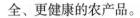

全、更健康的农产品。

（二）现代设施农业的不足

1. 较高的投资成本

现代设施农业需要投入大量的资金和设备，包括土地、温室、设备、技术等，而且这些成本往往比较高，对于生产规模较小的农业生产者来说难以承受。

2. 对技术的高依赖性

设施农业的高效运作依赖于先进的技术和设备，这不仅要求农场管理者具备一定的技术知识和操作技能，还要求设备能够稳定运行。一旦技术系统出现故障，可能会对生产造成严重影响，甚至导致损失。

3. 市场风险的不确定性

尽管设施农业可以提高动植物的产量和品质，但产品的市场销售仍然受到市场需求和价格波动的影响。如果市场需求下降或价格下跌，设施农业的经济效益可能会受到影响，增加经营风险。

总体而言，现代设施农业在提高农业生产效率、节约资源、保护环境和提升动植物品质方面具有明显优势，但同时也面临着高投资成本、技术依赖和市场风险等挑战。

第二节 发展现代设施农业的重大意义

当前，我国已迈上全面建设社会主义现代化国家新征程，经济发展和城乡居民消费加快升级，食物消费需求日益多元，发展现代设施农业任务紧迫、意义重大。

一、保障粮食和重要农产品稳定安全供给的现实
需要

我国主要粮食品种供给充足，但结构性矛盾突出。在耕地
水资源约束日益趋紧的背景下，满足人民群众日益多元化的食
物消费需求还面临较大压力。要加快建设现代设施农业，拓展
农业生产可能性边界，在确保粮食供给的同时，保障肉类、蔬
菜、水果、水产品等各类食物供给。

二、推进农业现代化助力农业强国建设的现实需要

设施完备配套是现代农业的突出标志。世界农业发达国家
普遍将发展现代设施农业作为增强农业国际竞争力的重要措
施，广泛应用先进要素，提高农业资源利用率、劳动生产率和
土地产出率。要加快建设现代设施农业，促进设施农业集约
化、标准化、机械化、绿色化、数字化发展，以基础设施现代
化促进农业农村现代化，夯实农业强国建设基础。

三、扩大农业农村投资激活农村内需的现实需要

当前我国经济面临需求收缩、供给冲击、预期转弱三重压
力，需要把扩大内需摆在优先位置。建设设施农业可以带动钢
筋、水泥建材等原材料消费，促进装备制造、智能设施等配套
产业发展，投资拉动效应强劲，是扩大内需的重要内容。要
引导撬动金融社会资本加大投入，补上农业农村基础设施短
板，形成有效投资，夯实农村内需基础。

四、拓宽农民增收致富渠道的现实需要

增加农民收入是"三农"工作的中心任务。当前,农民经营增收空间收窄,外出务工增收放缓,持续增收压力加大。要加快建设现代设施农业,将先进适用的新技术、新品种、新装备引入农业,促进农业经营增效,带动农民就业增收,让农民腰包鼓起来、生活富起来。

第三节 我国设施农业的发展

一、取得成效

经过多年发展,我国设施农业建设取得明显成效,为保障农产品有效供给、促进农民增收发挥了积极作用。

据统计,截至2022年,我国设施农业种植总面积4 270多万亩,占世界设施农业总面积的80%以上,其中蔬菜(含食用菌)、果树、花卉的种植面积分别占81%、11%和7%。设施蔬菜(含食用菌)年产量2.65亿吨,设施瓜果年产量近0.5亿吨,设施花卉年产量近300万亩,有效满足了人民群众"菜篮子""果盘子""花架子"的全年需求。

在布局上,中国已逐步形成了黄淮海及环渤海、长江中下游、西北、东北、华南地区5大设施蔬菜优势产区,江苏、山东、辽宁、河北是中国4个设施农业大省。

二、问题挑战

我国现代设施农业发展总量还不足，质量还不高，相比发达国家仍有较大差距，还不能适应建设农业强国的需要，面临不少困难和挑战。

（一）总量不足与设施落后并存

设施种植业虽然具备一定规模，但布局不够合理、装备较为落后，主要分布在黄淮海、环渤海以及长江中下游等粮食主产区，中小拱棚和塑料大棚等面积占比较高。设施畜牧和设施渔业总量不足，肉牛肉羊养殖规模化率较低，水产设施养殖池塘与传统网箱等装备老旧问题普遍存在。技术装备仍不配套，部分专用种养品种、精细化调控设备、重要数据管理软件还依赖进口，机械化、智能化水平总体较低。

（二）绿色转型任务较重

设施种植作物品种单一、连作障碍严重，化肥农药用量偏大。畜禽规模设施养殖种养主体分离，种养循环不畅。水产养殖尾水处理率低，水体富营养化问题凸显。传统设施农业耗能大，新型清洁可再生能源应用不足。

（三）集约生产有待加强

土地利用仍较粗放，传统厚土墙日光温室土地利用率不足。经营主体规模小、组织化程度低，人均温室管理面积、人均饲养管理家禽数量以及工厂化循环水养殖单产均低于发达国家。

（四）配套服务较为滞后

设施农业标准体系不健全。设施农业的设计建造、配套设备研发制造和运行维护等社会化服务发展滞后。全产业链开发不够，商品化育苗、仓储保鲜与冷链物流、粮食产地烘干等短板问题突出。品牌营销服务不足，市场供需信息对接不畅。

（五）要素保障支撑不足

发展设施农业需要加强用地保障。建设投资大，经营风险高，金融保险产品供给跟不上。现代设施生产技术培训不足，专业化管理人员和技术人员相对缺乏，难以支撑设施农业快速发展需要。

三、发展机遇

发展现代设施农业具备诸多积极因素，面临难得机遇。

（一）政策导向更加鲜明

党的二十大报告提出，树立大食物观，发展设施农业，构建多元化食物供给体系，为加快设施农业发展提供了根本遵循。发展设施农业作为全面推进乡村振兴、加快建设农业强国的重点任务，政策体系不断完善，人才、资金、信息等资源要素向设施农业加快聚集，为发展现代设施农业提供有力保障。

2023年中央一号文件提出"发展现代设施农业"，并首次将"蔬菜集约化育苗中心""集中连片推进老旧蔬菜设施改造提升"写入文件，首次提出"科学利用戈壁、沙漠等发展设施农业"。

2023年6月，农业农村部等联合制定印发的《全国现代设施农业建设规划（2023—2030年）》，明确建设以节能宜机为主的现代设施种植业、以高效集约为主的现代设施畜牧业、以生态健康养殖为主的现代设施渔业、以仓储保鲜和烘干为主的现代物流设施等重点任务。作为我国出台的首部现代设施农业建设规划，该规划的出台对促进农业现代化具有重要意义。

（二）科技支撑更加有力

以生物技术和信息技术为特征的新一轮农业科技革命深入推进，新品种、新技术、新装备在设施农业中加快集成推广，不同类型的绿色技术模式不断集成应用，为发展现代设施农业提供强大动力。

（三）市场驱动更加强劲

扩大内需战略深入实施，城乡居民收入水平不断提高，国内超大规模市场优势不断显现，农村消费潜力充分释放，优质多样的农产品需求不断扩大，为发展现代设施农业创造更广阔市场空间。

（四）投入渠道更加多元

设施农业成为扩大农业农村投资的重点领域，财政投入不断加大，金融支持力度不断加强，社会资本参与积极性不断激发，多元投入格局加快形成，为设施农业建设创造有利条件。

第二章　现代设施农业常用设施

第一节　温　室

温室是以透明覆盖材料作为全部或部分围护结构材料的特殊建筑，可以人工控制温、光、水、气等因子的一种性能较充分的保护设施，是目前设施园艺生产中最重要、最广泛的栽培设施，对环境因子的调控能力更强、更全面，并朝着智能化温室的方向发展。温室大型化、温室现代化、园艺生产工厂化已成为当今国际设施园艺栽培的主流。温室有许多不同的类型，对环境的调节控制能力也不同，在设施园艺生产中有不同的用途。通常，依温室结构形式、温度来源、建筑材料等，将温室分为日光温室、现代化温室等。

一、日光温室

日光温室是适合我国北方地区特有的一种保护措施，它以塑料薄膜作为采光覆盖材料，以太阳辐射为热源，靠最大限度采光、加厚的墙体和后坡，以及防寒沟、保温材料室、防寒保温设备，以最大限度减少散热，一般不需要人工加温，防寒保温性好。

（一）山东寿光日光温室

温室前坡较长，采光面大，增温效果好，后坡较短，增强保温性，晴好天气上午揭苫1小时左右，可增加棚内温度10℃左右，夜间一般不低于8℃。山东寿光日光温室后墙高为1.5～2.5米，中柱高1.5～3.5米，前立柱高0.6～1.0米，跨度10～13米。这种类型的温室塑料顶面与地面夹角较小，冬季日光入射量少，但棚的跨度大，土地利用率高，适用于北纬38°以南，冬季太阳高度角大于28°的地区。

（二）北方通用型日光温室

这种温室一般不设中柱、前柱。拱杆用圆钢或镀锌钢管制成，每间宽3～3.3米，每间设一通风窗，后屋面多采用水泥盖板，通常设置烟道加温。跨度6～8米，后墙至背柱间距（包括烟道及人行道）1.2米，走道不下挖，前肩高80厘米，中肩高2～3米，后墙高1.5～2米，砖砌空心墙，厚约50厘米，内填炉渣等保温材料。

（三）全日光温室

在北方地区又称钢拱式日光温室、节能温室，主要利用太阳能作热源。近年来，全日光温室在北方发展很快。这种温室跨度为5～7米，中柱高2.4～3.0米，后墙厚50～80厘米，用砖砌成，高1.6～2.0米，钢筋骨架，拱架为单片桁架，上弦为14～16毫米的圆钢，下弦为12～14毫米圆钢，中间钢筋拉花，宽15～20厘米。拱架上端搭在中柱上，下端固定在前端水泥预埋基础上。拱架间用3道单片桁架花梁横向拉接，以使整个骨架成为一个整体。温室后屋面可铺泡沫板和水泥板，抹草泥封盖防寒。后墙上每隔4~5米设一通风口，有条件时可加设加温设备。这种温室为永久性建筑，坚固耐用，采光性好，通风方便，易操作，但造价较高。

二、现代化温室

现代化温室（简称连栋式温室或智能温室）是园艺植物栽培设施中的高级类型，设施内的环境实现了计算机自动控制，基本上不受自然气候条件下灾害性天气和不良环境条件的影响，能全年全天候进行园艺植物生长的大型温室，适于园艺植物的工厂化生产。现代化温室按屋面特点主要分为屋脊形和拱圆形两类。屋脊形温室主要以玻璃作为透明覆盖材料，拱圆形温室主要以塑料薄膜为透明覆盖材料。

（一）框架结构

框架结构由基础、骨架、排水槽（天沟）组成。基础是连接结构与地基的构件，由预埋件和混凝土浇筑而成，塑料薄膜温室基础比较简单，玻璃温室较复杂，且必须浇注边墙和端墙的地固梁。骨架包括两类：一类是柱、梁或拱架都用矩形钢管、槽钢等制成，经过热浸镀锌防锈蚀处理，具有很好的防锈能力；另一类是门窗、屋顶等为铝合金型材，经抗氧化处理，轻便美观、不生锈、密封性好，且推拉开启省力。排水槽将单栋温室连接成连栋温室，同时又起到收集和排放雨（雪）水的作用。排水槽自温室中部向两端倾斜延伸，坡降多为0.5%。连栋温室的排水槽在地面形成阴影，约占覆盖地面总面积的5%。

（二）覆盖材料

理想的覆盖材料应是透光性、保温性好，坚固耐用，质地轻，便于安装，价格便宜等。屋脊形温室的覆盖材料主要为平板玻璃、塑料板材和塑料薄膜。拱圆形温室大多采用塑料薄膜。玻璃保温透光好，但其价格高、重量大，易损坏，维修不方便。塑料薄膜价格低廉，易于安装，质地轻，但易污染老化，透光率差。近年来，新研究开发的聚碳酸酯板材（PC板），兼有玻璃和薄膜两种材料的优点，且坚固耐用不易污染，但价格昂贵，还难以大面积推广。

（三）自然通风系统

通风窗面积是自然通风系统的一个重要参数。空气交换速率，取决于室外风速和开窗面积的大小。自然通风系统有侧窗通风、顶窗通风或两者兼有3种类型。通风窗的开闭是由机械系统来完成的。

（四）加热系统

现代化温室因面积大，没有外覆盖保温防寒，只能依靠加温来保证寒冷季节作物的正常生长。加温系统采用集中供暖分区控制，主要有热风采暖、热水采暖、热气采暖等方式。

（五）帘幕系统

帘幕系统具有双重功能，在夏季可遮挡阳光，降低温室内的温度，一般可遮阴降温7℃左右；冬季可增加保温效果，降低能耗，提高能源的有效利用率，一般可提高室温6~7℃。帘幕材料有多种形式，较常用的一种采用塑料线编织而成，并按保温和遮阳的不同要求，嵌入不同比例的铝箔。帘幕开闭是由机械驱动构件来完成的。

（六）计算机环境测量和控制系统

计算机环境测量和控制系统可创造符合作物生育要求的生态环境，从而获得高产、优质的产品，这是现代化日光温室最重要的特征。调节和控制的气候目标参数包括温度、湿度、CO_2浓度和光照等。针对不同的气候目标参数，采用不同的控制设备。

（七）灌溉和施肥系统

完善的灌溉和施肥系统，通常包括水源、贮水及供给设施、水处理设施、灌溉和施肥设施、田间网络、灌水器（滴头、喷头等）。在土壤中栽培时，作物根区土层下需铺设暗管，以利于排水；基质栽培中，可采取肥水回收装置，将多余的肥水收集起来，重复利用或排放到温室外面。

此外，大型连栋现代化温室还装备有CO_2气肥装置等。

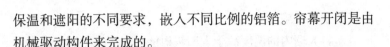

第二节 塑料大棚

塑料大棚也称春秋棚或冷棚，是指没有加温设备的塑料薄膜覆盖的大棚，主要用于北方地区早春和晚秋的蔬菜生产。目前在园艺植物栽培与养护、矮化果树、林业育苗等经济作物的生产上得到了广泛应用。塑料大棚因其造价低、建造灵活、生产周期短、经济效益高，在最近几年来发展较快，是园艺生产栽培的主要设施之一。

塑料大棚内的温度源于太阳辐射能。白天，太阳能提高了棚内温度；夜晚，土壤将白天贮存的热能释放出来，由于塑料覆盖，散热较慢，从而保持了大棚内的温度。但塑料薄膜夜间长波辐射量大，热量散失较多，常致使棚内温度过低。塑料大棚的保温性与其面积密切相关。面积越小，夜间越易于变冷，日较差越大；面积越大，温度变化缓慢，日较差越小，保温效果越好。近年来，发展了无滴膜，薄膜上不着水滴，透光率较高，白天棚内温度增加，但夜间能较快地透过地面的长波辐射而降低棚内温度。

塑料大棚的类型很多。从塑料大棚的结构和建造材料上分析，在设施园艺生产中应用较多和比较实用的，主要有以下3种类型。

一、钢架无柱大棚

骨架采用钢筋、钢管或两种结合焊接而成的平面塑料大棚架，上弦用16毫米钢筋或6分管，下弦用12毫米钢筋，纵拉杆用9～12毫米钢筋。跨度为8～12米，脊高2.6～3米，长30～60米。纵向各拱架间用拉杆或斜交式拉杆连接固定形成整体。拱架上覆盖薄膜，拉紧后用压膜线或8号铅丝压膜，两端固定在地锚上。这种结构的大棚，骨架坚固，棚内无立柱，抗风雪能力强，透光性好，作业方便，是比较好的设施；缺点是一次性投资较大。

二、镀锌钢管装配式大棚

这种结构的大棚骨架，其拱杆、纵向拉杆、端头立柱均为薄壁钢管，并采用专用卡具连接形成整体，所有杆件和卡具均采用热镀锌防锈处理，是工厂化生产的工业产品，已形成标准、规范的20多种系列产品。这种大棚的跨度为4~12米，肩高1~1.8米，脊高2.5~3.2米，长度20~60米，拱架间距0.5~1米，纵向用纵拉杆（管）连接固定成整体。可用卷膜机卷膜通风、保温幕保温、遮阳幕遮阳和降温。这种大棚为组装式结构，建造方便，并可拆卸迁移，棚内空间大、遮光少、作业方便；有利于作物生长；构件抗腐蚀、整体强度高、承受风雪能力强。

三、连栋塑料大棚

为解决农业生产中的淡旺季矛盾，克服自然条件带来的不利影响，提高效益，发展特色农产品，钢管连栋大棚的应用是主要措施之一。

目前随着规模化、产业化经营的发展，有些地区，特别是南方一些地区，原有的单栋大棚向连栋大棚发展。就结构和外形尺寸来说，钢管连栋大棚把几个单体棚和天沟连在一起，然后整体架高。主体一般采用热浸镀锌型钢做主体承重力结构，能抵抗8~10级大风，屋面用钢管组合桁架或独立钢管件。连栋塑料大棚质量轻、结构构件遮光率小，土地利用率达90%以上。优点在于集约化和可调控性。但是一次性投入大，生产成本高。北方地区，连栋大棚通风和清除雨雪困难，建造和维修难度较大。

第三节 机械设备

一、土壤作业设备

设施内耕地作业包括在收获后或新建的设施地上进行的翻土、松土、覆埋杂草或肥料等项目。其主要目的是：利用机械对土壤的耕翻，把前茬作物的残茬和失去团粒结构的表层土壤翻埋下去，而将耕层下层未经破坏的土壤翻上来，以恢复土壤的团粒结构；通过对土层的翻转，可将地表肥料、杂草、残茬连同表层的虫卵、病菌、草籽等一起翻埋到沟底，起到消灭杂草和病虫害的作用；机械对土层翻转具有破碎土块、疏松土壤、积蓄水分和养分的作用，为播种（或栽植）准备好播种床，并为种子发芽和农作物生长创造良好条件，且有利于作物根系的生长发育；通过对耕层下部进行深松，还可起到蓄水保墒、增厚耕层的作用。

设施内耕地的农艺要求是：土壤松碎，地表平整；不漏耕，不重耕，耕后地表残茬、杂草和肥料应能充分覆盖；对设施内空气污染小；机械不能损坏温室设施；并保证耕深均匀一致。耕后土壤应疏松破碎，以利于蓄水保肥。春播蔬菜的耕地作业时，要求耕深在25厘米以上；在种植秋菜垄作作物时，耕地要求和春播菜田相同，起垄则由蔬菜起垄播种机直接完成。一般垄高2～5厘米，垄距50～60厘米。采用机械耕地碎土质量≥98%、耕深稳定性≥90%。夏播蔬菜耕整作业时，要求耕后地表平整，土壤细碎，耕深18～25厘米。

受设施内空间大小的限制，设施耕整机械的机身及其动力都比较小，重量轻，转弯灵活，操作方便，动力一般在2.2千瓦左右。常用的设施内耕整机械主要是旋耕机。一般的小型旋耕机又可分成带驱动轮行走式和不带驱动轮行走式两种，国外多使用带驱动轮行走式，而我国则主要使用后者。

我国常用的旋耕机由动力驱动，能一次完成耕、耙、平作业，对杂草、残茬的切碎能力强；作业后土壤松碎、齐整。但消耗动力大、工效低、耕深浅、覆盖性能较差，对土壤结构的破坏比较严重。

随着我国农业产业结构不断调整，设施农业生产水平的进一步提高，国内也相继出现了很多适于设施内作业的微型旋耕机。例如，武汉好佳园1GW4（178型）旋耕机，是一种手扶自走式耕作机械。整机主要部件如刀筒、支臂、固定架等都采用精密铸造而成，比普遍采用的焊接件要坚固耐用许多。挡泥板是1.8毫米厚的钢板，不易变形。挡泥板骨架是用钢管弯曲一次成型的，安装简便、坚固抗撞。整机重108千克，功率为5千瓦。耕幅80～105厘米，耕深15～30厘米，每小时可耕作1～3亩。这种微型耕作机特点是体积小、重量轻，全齿轮转动。产品小巧灵活，操作简单，动力指标先进，使用维修方便，适合在大棚蔬菜、果园等地块耕作。特别是狭窄田头、尖小地角等大机械无法耕作的地方。

二、种植设备

设施园艺中的种植设备主要是指移栽机。移栽机所移栽的秧苗种类有裸苗、钵苗和纸筒苗等，其中裸苗难以实现自动供秧，基本上是手工喂秧。而钵苗，由于采用穴盘供秧，较容易实现机械化自动喂秧。

移栽机的种类很多，按秧苗的种类可以分为裸苗移栽机和钵苗移栽机；按自动化程度可以分为简易移栽机、半自动移栽机和全自动移栽机；按栽植器类型可以分为钳夹式移栽机、导苗管式移栽机、吊杯式移栽机、挠性圆盘式移栽机、带式移栽机等。

（一）钳夹式移栽机

钳夹式移栽机有圆盘钳夹式和链条钳夹式两种。钳夹式移栽机主要由钳夹式栽植部件、开沟器、覆土镇压轮、传动机构及机架等部分组成。工作时，一般由人工将秧苗放在转动的钳夹上，秧苗被夹持并随栽植盘转动，到达开沟器开出的苗沟时，钳夹在滑道开关控制下打开，秧苗依靠重力落入苗沟内，然后覆土镇压轮进行覆土镇压，完成栽植过程。钳夹式移栽机的主要优点是结构简单，株距和栽植深度稳定，适合栽植裸根苗和钵苗。缺点是栽植速度慢，株距调整困难，钳夹容易伤苗，栽植频率低，一般为30株/分。

（二）导苗管式移栽机

导苗管式移栽机主要工作部件由喂入器、导苗管、栅条式扶苗器、开沟器、覆土镇压轮、苗架等组成，采用单组传动。工作时，由人工将秧苗投入喂入器的喂苗筒内，通过喂苗筒转到导苗管的上方时，喂苗筒下面的活门打开，秧苗靠重力下落到导苗管内，通过倾斜的导苗管将秧苗引入开沟器开出的苗沟内，在栅条式扶苗器的扶持下，秧苗呈直立状态，然后在开沟器和覆土镇压轮之间所形成的覆土流的作用下，进行覆土镇压，完成栽植过程。

由于秧苗在导苗管中的运动是自由的，在调整导苗管倾角和增加扶苗装置的状况下，可以保证较好的秧苗直立度、株距均匀性、深度稳定性，栽植频率一般为60株/分。但结构相对复杂，成本较高。

（三）吊杯式移栽机

吊杯式移栽机主要适合于栽植钵苗，它由偏心圆环、吊杯、导轨等工作部件构成。吊杯式栽植器的原理：工作时，由驱动轮驱动栽植器圆盘转动，吊杯与地面保持垂直，并随圆盘转动，当吊杯转到上面时，由人工将秧苗喂入吊杯中，当吊杯转动到下面预定位置时，吊杯上的滚轮与导轨接触，将吊杯鸭嘴打开，秧苗自由落入开沟器开出的沟内，随机由覆土器覆土，镇压轮从秧苗两侧将覆盖土壤镇压，完成栽植过程。吊杯离开导轨后，吊杯鸭嘴关闭，等待下一次喂苗。由于吊杯对秧苗不施加强制夹持力，吊杯式栽植器适宜于柔嫩秧苗及大钵秧苗的移栽，吊杯在投放秧苗的过程中对秧苗起扶持作用，有利于秧苗直立，可进行膜上打孔移栽。

（四）挠性圆盘式移栽机

挠性圆盘式移栽机主要有机架、供秧传送带、开沟器、栽植器、镇压轮、苗箱以及传送系统组成，挠性圆盘一般由两个橡胶圆盘或橡胶-金属圆盘构成。工作时，开沟器开沟，由人工将秧苗一株一株地放到输送带上，秧苗呈水平状态，当秧苗被输送到两个张开的挠性圆盘中间时，弹性滚轮将挠性圆盘压合在一起，秧苗被夹住并向下转动，当秧苗处于与地面垂直的位置时，挠性圆盘脱离弹性滚轮，自动张开，秧苗落入沟内，此时土壤正好从开沟器的尾部流回到沟内，将秧苗扶持住，镇压轮将秧苗两侧的土壤压实，完成栽植过程。

（五）带式移栽机

带式移栽机由水平传送带和倾斜输送带组成，两带的运动速度不同，钵苗在水平输送带上直立前进，在带末端反倒在倾斜输送带上，运动到倾斜带的末端，钵苗翻转直立落到苗沟中。这种栽植器结构简单，栽植频率高达4株/秒，但是，在工作可靠性、栽植质量方面需要进一步改进。

三、植保与土壤消毒设备

（一）植保设备

目前，温室内常用的植保设备是喷雾机，可分为两大类。人力机具有：手动背负式喷雾器、手动压缩式喷雾器、手动踏板式喷雾器、手摇喷粉器等。机动机具有：背负式机动喷雾喷粉机、担架式机动喷雾机、喷杆式喷雾机、风送式喷雾机、热烟雾机、常温烟雾机等。

另外，臭氧消毒机、硫黄熏蒸器、频振杀虫灯等新型植保设备，也在部分温室中被采用。

（二）土壤消毒设备

土壤消毒机械，是以物理或化学方法，对土壤进行处理，以消除线虫或其他病菌的危害，达到增产效果的装备。化学土壤消毒机是向土壤注射药液的器械，它能在一定压力下定量地将所需药液注射到一定深度的土壤中，并使其汽化扩散，起到对土壤消毒的目的。目前有人力式和机动式两种类型，人力式土壤消毒器适用于小面积的土壤消毒。机动式土壤消毒机有棒杆点注式和凿刀条注式两种，前者使用较多。

四、节水灌溉设备

（一）节水灌溉的类型

我国现有温室大棚绝大多数采用传统的沟畦灌，水的利用率只有40%，且增加棚室内的空气湿度，不利于设施生产。设施生产应采用管道输水或膜下灌溉，以降低空气湿度，最好采用滴灌技术。近些年来，我国改进和研制出了一些新的滴灌设备，如内镶式滴灌管、薄壁式孔口滴灌带、压力补偿式滴头、折射式和旋转式微喷头、过滤器及各种规格的滴头、微喷灌主支管等，可以实现灌水与施肥结合进行。

节水灌溉可以按不同的方法分类，按所用的设备（主要是灌水器）及出流形式不同，主要有滴灌、喷灌、渗灌、潮汐灌溉等。它与传统的漫灌方式相比，主要优点表现为节约用水50%以上，减小棚内空气湿度，抑制土壤板结，保持土壤透气性，避免冬季浇水造成的地温下降，杜绝了靠灌溉水传播的病菌。同时可以通过灌溉追肥施药，省工省力。

1. 滴灌

滴灌利用安装在末级管道（称为毛管）上的滴头，或与毛管制成一体的滴灌带将压力水以水滴状湿润土壤，在灌水器流量较大时，形成连续细小水流湿润土壤。通常将毛管和灌水器放在地面，也可以把毛管和灌水器埋入地面以下30～40厘米。前者称为地表滴灌，后者称为地下滴灌。滴灌灌水器的流量为2～12升/时。滴灌系统由取水枢纽及输配水系统两大部分组成。取水枢纽包括：水泵、动力机、化肥罐、过滤器及压力表、流量计、流量调节器、调节阀等。输配水系统包括：干管、支管、毛细管和滴头等。滴灌系统由于安装简单，一次性投入小而被普遍采用。

2. 喷灌

喷灌技术是借助于由输、配水管到温室内最末级管道以及其上安装的微喷头，将压力水均匀而准确地喷洒在每株植物的枝叶上或植物根系周围的土壤（或基质）表面的灌水形式。喷灌技术可以是局部灌溉，也可以进行全面灌溉。依据喷洒方向不同，喷灌技术又可分为悬吊式向下喷洒、插杆式向上喷洒和多孔管道喷灌等形式。喷头有固定式和旋转式两种。前者喷射范围小，水滴小，后者喷射范围较大，水滴也大些，故安装的间距也大。喷头的流量通常为20~250升/时。

3. 渗灌

渗灌利用一种特别的渗水毛管埋入地表以下30~40厘米，压力水通过渗水毛管管壁的毛细孔以渗流的形式湿润其周围土壤。由于它能减少土壤表面蒸发，是用水量最省的一种微灌技术。渗灌毛管的流量为2~3升/（时·米）。渗灌系统是利用全封闭式管道，将作物所需要的水分、空气、肥料通过埋入地下的渗灌管，以与作物吸收相平衡的速度缓慢渗出并直接作用到作物根系的系统。渗灌系统包括水源、控制首部、输配水管网、渗灌管4部分。

4. 潮汐灌溉

潮汐灌溉是一种高效、节水、环保的灌溉技术，适用于各种盆栽植物的生长和管理，可有效改善水资源和营养液。潮汐灌溉就是将灌溉水像"潮起潮落"一样循环往复地不断地向作物根系供水的一种方法。"潮起"时栽培基质部分淹没，作物根系吸水；"潮落"时栽培基质排水，作物根系更多地吸收空

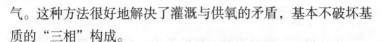

气。这种方法很好地解决了灌溉与供氧的矛盾，基本不破坏基质的"三相"构成。

潮汐灌溉适用于具有防水功能的水泥地面上的地面盆花栽培或具有防水功能的栽培床或栽培槽栽培。潮汐灌溉如同大水漫灌一样，在地面或栽培床（槽）的一端供水，水流经过整个栽培面后从末端排出。常规的潮汐灌溉水面基本为平面，水流从供水端开始向排水端流动的过程中，靠近供水端的花盆接触灌溉水的时间较长，而接近排水端的花盆接触灌溉水的时间相对较短，客观上形成了前后花盆灌溉水量的不同，为了克服潮汐灌溉的这一缺点，工程师们对栽培床做了改进，即在栽培床或地面上增加纵横交错的凹槽，使灌溉水先进入凹槽流动，待所有凹槽都充满灌溉水后，所有花盆同时接受灌溉。

（二）温室自动灌溉施肥控制系统

温室自动灌溉施肥控制系统可以根据农作物种植土壤需水信息，利用自动控制技术进行农作物灌溉施肥的适时、适量控制，在灌水的同时，还可以控制施放可溶性肥料或农药，可将多个控制器与一台装有灌溉专家系统的PC计算机（上位机）连接，实现大规模工业化农业生产。系统由PC计算机（上位机）、自动控制灌溉系统（下位机）、数据采集传感器、控制程序和温室灌溉自动控制专家系统软件等构成。

五、保温覆盖材料

覆盖材料依其功能主要分为采光材料、内覆盖材料和外覆盖材料3部分。选择标准主要有保温性、采光性、流滴性、使用寿命、强度和成本等，其中保温性为首要指标。

（一）采光材料

采光材料主要有玻璃、塑料薄膜、乙烯-醋酸乙烯薄膜和聚烯烃薄膜等。北方设施栽培多选择无滴保温多功能膜，通常厚度0.08~0.12毫米。

1. 聚乙烯（PE）长寿无滴膜

质地柔软、易造型、透光性好、无毒、防老化、寿命长，有良好的流滴性和耐腐蚀性，是温室比较理想的覆盖材料，缺点是耐候性和保温性差，不易粘接，不宜在严寒地区使用。

2. 聚氯乙烯（PVC）长寿无滴膜

无滴膜的均匀性和持久性都好于聚乙烯长寿无滴膜，保温性、透光性能好，柔软、易造型，适合在寒冷地区使用。缺点是薄膜密度大（1.3千克/厘米^3），成本较高；耐候性差，低温下变硬脆化，高温下易软化松弛；助剂析出后，膜面吸尘，影响透光；残膜不可降解和燃烧处理。经过高温季节后透光率下降50%。

3. 乙烯-醋酸乙烯（EVA）多功能复合膜

属三层共挤的一种高透明、高效能的新型塑料薄膜。流滴性得到改善，透明度高，保温性强，直射光透过率显著提高。连续使用2年以上，老化前不变形，用后可方便回收，不易造成土壤或环境污染。缺点是保温性能在高寒地区不如聚氯乙烯薄膜。

4. 聚烯烃（PV）薄膜

聚乙烯（PE）和醋酸乙烯（EVA）多层复合而成的新型温室覆盖薄膜，该膜综合了PE和EVA的优点，强度大，抗老化性能好，透光率高且燃烧处理时也不会散发有害气体。

（二）内覆盖材料

主要包括遮阳网和无纺布等。

1. 遮阳网

用聚乙烯树脂加入耐老化助剂拉伸后编织而成，有黑色和灰色等不同颜色。有遮阳降温、防雨、防虫等效果，可作临时性保温防寒材料。

2. 无纺布

由聚乙烯、聚丙烯等纤维材料（不经纺织）通过热压而成的一种轻型覆盖材料。多用于设施内双层保温。

（三）外覆盖材料

包括草苫、纸被、棉被、保温毯和化纤保温被等。

1. 草苫

保温效果可达5～6℃，取材方便，制造简单，成本低廉。

2. 纸被

在寒冷地区和季节，为进一步提高设施内的防寒保温效果，可在草苫下增盖纸被。纸被系由4层旧水泥纸或6层牛皮纸缝制的与草苫相同宽度的保温覆盖材料。

3. 棉被

用落花、旧棉絮及包装布缝制而成，特点是质轻、蓄热保温性好，强于草苫和纸被，在高寒地区保温力可达10℃以上，但在冬春季节多雨雪地区不宜大面积应用。

4. 保温毯和化纤保温被

在国外的设施栽培中，为提高冬春季节的保温效果及防寒效果，在小棚上覆盖腈纶棉、尼龙丝等化纤下脚料纺织成的化纤保温毯，保温效果好、耐久。我国目前开发的保温被有多种类型，有的是外层用耐寒防水的尼龙布，内层是阻隔红外线的保温材料，中间夹置腈纶棉等化纤保温材料，经缝制而成。有的类型则用PE膜当作防水保护层，外加网状拉力层增加拉力，然后通过热复合挤压成型，将保温被连为整体。这类保温材料具有质轻、保温、耐寒、防雨、使用方便等特点，可使用6～7年，是用于温室、节能型日光温室代替草苫的新型防寒保温材料，但一次性投入相对较大。

第四节 无土栽培设施

一、无土栽培的内涵

无土栽培是指不用土壤而用营养液或固体基质加营养液栽培作物的方法（图2-1）。无土栽培的核心是不使用天然土壤，植物生长在装有营养液的栽培装置中或者生长在含有有机肥或充满营养液的固体基质中，这种人工创造的植物根系环境，不仅能满足植物对矿质营养、水分和空气条件的需要，而且能人为地控制和调整，来满足甚至促进植物的生长发育，并发挥它的最大生产能力，从而获得最大的经济效益或观赏价值。

图 2-1 无土栽培

二、无土栽培的基本设施

无土栽培的基本设施一般由栽培床、储液池、供液系统和控制系统4部分组成。

（一）栽培床

栽培床是种植作物的土地和土壤代替物，具有固定根群和支撑植株的作用，同时要保证营养液和水分的供应，并为作物根系的生长创造优越的根际环境。栽培床可用适当的材料如塑料等加工成定型槽，或者用塑料薄膜包装适宜的固体基质材料或用水泥砖砌成永久性结构和砖垒砌而成的临时性结构。栽培床形式很多，一般分育苗床和栽培床两类。在选用栽培床时应以结构简便实用、造价低廉、灌排液及管理方便等为原则。

（二）储液池

储液池是储存和供应营养液的容器，是为增大营养液的缓冲能力，为根系创造一个较稳定的生存环境而设置的。其功能主要有以下几种。

（1）增大每株占有营养液量而又不致使种植槽的深度建得太深。

（2）使营养液的浓度、pH值、溶存氧、温度等较长期地保持稳定。

（3）便于调节营养液的状况，如调节液温等，如果无储液池而直接在种植槽内增减温度，势必要在种植槽内安装复杂的管道，既增加了费用也造成了管理不便。又如调pH值，如果无储液池，势必将酸碱母液直接加入槽内，容易造成局部过浓的危险。

（三）供液系统

供液系统是将储液池（槽）中的营养液输送到栽培床，以供作物需要。无土栽培的营养液供应方式，一般有循环式供液系统和滴灌系统两种，主要由水泵、管道、过滤器、压力表、阀门组成。管道分为供液主管、支管、毛管及出水龙头与滴头管或微喷头。不同的栽培形式在供液系统设计和安装上有差异。

（四）控制系统

控制系统是通过一定的调控装置，对营养液质量和供液进行监测与调控。先进的控制装置采用智能控制系统，实现对营养液质量、环境因素、供液等进行自动全方位监控。自动控制装置包括电导率自控装置、pH值自控装置、液温控制装置、供液定时器控制装置等。从而实现根据植物不同生长发育阶段对营养的需求，人工利用这些设备来监控营养液质量变化，适时调整和补充，并定时向作物供给营养液，做到营养液补充和供液及时，调整到位，并减少人力，节省电力和减少泵的磨损。

第三章

设施农业环境调控

园艺设施为植物生长提供了有利的基础条件，但是其内的环境条件并不能完全满足园艺植物生长发育的需要，因此，必须对设施内的环境进行调控，使之满足植物各生育时期的要求，才能提高园艺植物的产量和质量，达到高产高效的目标。在诸多设施环境因子中，光照、温度、湿度、气体、土壤环境等对植物生长发育的影响尤为重要。

第一节　光照环境及其调控

光是作物进行光合作用以及形成设施内温度条件的能源。光照对设施作物的生长发育会产生光效应和热效应，直接影响光合作用、光周期反应和器官形态。在以日光为主要光源与热源的设施作物生产中，光环境具有无与伦比的重要性。

一、设施内光环境的特征

设施内的光照环境不同于露地，光照条件受设施方位、骨架材料和结构、透光屋面形状、大小和角度、覆盖材料特性及其洁净程度等多种因素的影响。影响设施作物生长发育的光照环境除了光照强度、光照时数、光的组成（光质）外，还包括光的分布均匀程度。太阳辐射到达设施表面后，经过反射、吸收和透射而进入设施内部，形成室内光环境，进而对作物的生长发育产生影响。

（一）光照强度

设施内的光环境明显不同于露地，光照强度较弱。这是因为自然光线透过透明屋面的覆盖材料进入设施内部时，由于覆盖材料的吸收、反射，覆盖材料内表面结露水珠的吸收、折射等原因，使透光率下降。尤其在寒冷的冬春季节或阴雪天，透光率只有自然光的50%～70%。如果透明覆盖材料染尘而不清洁或者使用时间过长而老化，透光率甚至会降低到自然光强的50%以下。这种现象往往成为冬季喜光果菜类生产的主要限制因子。

设施内的光照强度受外界环境影响较大，日变化趋势基本上与外界同步，但不同天气条件下光照强度的日变化也不一样。早晨从日出后开始光照强度逐渐上升，12:00—13:00达到最大值，然后逐渐下降。从10:00左右开始，随着外界光强度的增加，连栋温室内不同位点的光照分布曲线开始明显分化。晴天的光照强度大于多云天气，光照分布曲线也更明显。由于阴天外界环境中散射光的成分所占比重较大，而晴天进入设施的光线以直射光为主，因此连栋温室的整体透光率阴天高于晴天。

（二）光照时数

设施内的光照时数受设施类型的影响。塑料大棚和大型连栋温室，通常没有外覆盖，全面透光，内部的光照时数与露地基本相同。日光温室等单屋面温室内的光照时数一般比露地要短。这是因为在寒冷季节为了防寒保温而使用的蒲席、草苫等不透明覆盖材料揭盖时间直接影响到设施内的受光时数。在寒冷的冬季或早春，一般日出后开始揭草苫，日落前或刚刚日落时盖草苫，一天中作物的受光时间只有7~8小时，在高纬度地区甚至不足6小时。

（三）光质

设施内的光组成与自然光不同，光谱结构与室外有很大差异，这主要与透明覆盖材料的性质有关。透光覆盖材料对不同波长光的透过率不同，尤其是对于380纳米以下紫外光的透光率较低。虽然有一些塑料薄膜可以透过310~380纳米的紫外光，但大多数覆盖材料不能透过波长在310纳米以下的紫外光。另外，当太阳短波辐射进入设施内部并被作物和土壤等吸收后，又以长波的形式向外辐射，但其中的大多数会被覆盖材料所阻隔，从而使整个设施内的红外光长波辐射增多。此外，覆盖材料还可以改变红光和远红光的比例。

（四）光分布

在自然光下露地的光分布是均匀的，但设施内光分布在时间和空间上则极不均匀，特别是直射光的入射总量。在高纬度地区，冬季设施内光照强度弱，光照时间短，严重影响作物的生长发育。同时，由于设施墙体、骨架以及覆盖材料的影响，也会产生不均匀的光分布，使得作物的生长不一致。例如，高效节能日光温室的东、西、北三面有墙，后屋面也不透光，因此在每天的不同时间和温室内不同部位往往会有遮阴，而朝南的透明屋面下，光照明显优于北部。设施内不同部位的地面，距屋面的远近不同，光照条件也不同。一般而言，靠近顶部的光照条件好于底部。在作物生长旺盛阶段，由于植株遮阴往往造成下部光照不足，导致作物生长发育不良。

二、设施内光环境的调控

设施栽培的植物有些种类要求较强的光照，有的长日照植物在短日条件下，要求进行光周期补光，有的要求给予一定的遮阴，才能生长良好。因此，光环境调控一般从补光和遮光两方面实施相应技术。

（一）补光措施

补光的目的：一是延长光照时间；二是在自然光照强度较弱时，补充一定的光照，可以促进植物生长发育，提高产量和品质。

1. 反射补光

在单屋面温室后墙悬挂反光膜可改善温室的光照条件。反光膜一般幅宽为1.5～2.0米，长度随温室长度而定。该技术可改善温室内北部3米范围内的光照和温度条件。使用时应与北墙蓄热过程统筹考虑。

2. 低强度补光

低强度补光是为满足感光作物光周期需要而进行的补光措施。补光强度仅需22～45勒克斯，通过缩短黑暗时间，达到改变作物发育速度的目的。

3. 高强度补光

高强度补光是为作物进行光合作用而实施的补光措施。一般情况下在室内光照<3 000勒克斯时，可采用人工补光。

国内对镝灯（生物效能灯）、高压钠灯、金属卤化灯3种光源测定结果表明，镝灯补光效果最好，其光谱能量分布接近日光，光通量较高（70勒克斯/瓦），按照每4平方米安装一盏400瓦镝灯的规格，补光系统可在大阴天使光强增加到4 000～5 000勒克斯，比叶菜类作物光补偿点高出一倍左右。

高压钠灯理论上光通量很大（100勒克斯/瓦），但实际测试结果远不如镝灯，同样安装密度条件下，400瓦钠灯下垂直一米处，光强从2 200勒克斯提高到3 200勒克斯（镝灯可提高到5 000勒克斯）。此外，钠灯偏近红外线的光谱能量的比例较大，色泽刺眼，不便灯下操作。

金属卤化灯是近年发展起来的新型光源，理论发光效率较高，但测定结果不如钠灯，且聚焦太集中，不适合作为温室补光之用。

4. LED灯补光

LED（发光二极管）补光灯是新一代照明光源发光二极管，是一种低能耗人工光源。与目前普遍使用的高压钠灯和荧光灯相比，LED具有光电转换效率高、使用直流电、体积小、寿命长、耗能低、波长固定、热辐射低、环保等优点。LED光量、光质（各种波段光的比例等）可以根据植物生长的需要精确调整，并因其冷光性可近距离照射植物，使栽培层数和空间利用率提高，从而实现传统光源无法替代的节能、环保和空间高效利用等功能。基于这些优点，LED灯被成功应用于设施园艺照明、可控环境基础照明、植物组织培养、植物工厂化育苗及航天生态系统等。近年来，LED补光灯的性能不断提高、价格逐渐下降，各类特定波长的产品逐渐被开发，其在农业与生物领域的应用范围将会更加广阔。

（二）遮光措施

通过使用遮光幕可以缩短日照时间。用完全不透光的材料铺设在设施顶部和四周，或覆盖在植物外围的简易棚架的四周，严密搭接，为植物临时创造一个完全黑暗的环境。常用的遮光幕有黑布、黑色塑料薄膜两种，现在也常使用一种一面白色反光、一面为黑色的双层结构的遮光幕。

第二节　温度环境及其调控

温度是影响植物生长发育的最重要的环境因素。植物的所有生命活动都要求一定的温度范围，即存在最高、最适和最低的"三基点"温度。做好设施内的越冬温度和度夏温度的调节，以保证设施植物的安全越冬和安全度夏，就可以减少园艺植物的季节性损失。

一、设施内温度环境的特征

（一）温室效应

温室效应是指在没有人工加温的条件下，设施内因获得和积累太阳辐射能，从而使内部气温高于外界气温的一种能力。

产生温室效应的原因：一方面，设施内热量的来源主要为太阳辐射，太阳光线透过玻璃、塑料薄膜等透明覆盖物照射到地面上，可以提高室内的地温和气温，但是土壤和大气所发射的长波辐射大多数被透明覆盖物所阻挡，从而使热能保留在设施内部；另一方面，设施覆盖物的封闭或半封闭状态减弱了内外气流交换，设施内蓄积的热量不易散失，室内的温度自然要比外界高。

（二）温度的季节变化和日变化

设施内温度随外界温度的变化而变化，不仅具有季节变化，而且有日变化。

气象学规定，以候平均气温≤10℃，旬平均最高气温≤17℃，旬平均最低气温≤4℃作为冬季指标；以候平均气温≥22℃，旬平均最高气温≥28℃，旬平均最低气温≥15℃作为夏季指标；冬季夏季之间作为春、秋季指标。按照这个标准，在我国北方地区，日光温室内的冬季天数可比露地缩短3~5个月，夏天可延长2~3个月，春秋季也可延长20~30天，所以可以四季生产喜温果菜。普通大棚的冬季只比露地缩短50天左右，春秋比露地只增加20天左右，夏季很少增加，所以对于果菜类只能进行春提前和秋延后栽培，通过多重覆盖才有可能进行冬春季生产。

设施内气温的日变化趋势基本与露地一致，昼高夜低。白天设施内的空气和地面受太阳辐射而逐渐升温，最高值出现在13:00—14:00，此后太阳辐射减少，气温逐渐降低。夜间当气温低于地温时，土壤中贮存的热量向空间释放，并通过覆盖物以长波辐射向周围放热，在早晨日出之前气温最低。设施内的日温差受保温比（设施内土壤面积与覆盖及围护结构表面积之比）、覆盖材料和天气条件等影响，晴天大于阴雨天。

（三）设施内有逆温现象

通常设施内的温度都高于外界，但在无多重覆盖的塑料大棚或玻璃温室中，日落后的降温速度往往比露地快，特别是有较大北风后的第一个晴朗微风的夜晚，设施通过覆盖物向外辐射放热剧烈，室内空气因覆盖物的阻挡得不到热量的及时补充，常常出现室内气温反而比室外气温低1~2℃的逆温现象。温度逆转现象通常出现在凌晨，10月至翌年3月容易发生。逆温时间过长或温度过低会对作物造成较大危害。

（四）设施内温度的分布

设施内温度的分布不均匀，无论在垂直方向还是水平方向都存在着温差。设施内气温一般是上部高于下部，中部高于四周。设施内温度分布状况受太阳入射量分布、温度调控设备的种类和安装位置、通风换气方式、外界风向、内外温差以及设施结构等多种因素影响。保护设施面积越小，低温区所占的比例越大，温度分布越不均匀。

与设施内气温相比，不论季节和日变化，地温的变化均较小。

二、设施内温度环境的调控

（一）降温调控

夏季日照强烈，气温高，设施内温度往往升至40℃以上，对园艺植物的生长发育极为不利，因此，夏季设施内降温工作不可忽视。设施内夏季降温的常用措施主要有以下3种。

1.通风降温

温室的自然通风主要是靠顶开窗来实现的，让热空气从顶部散出。简易温室和日光温室一般用人工掀起部分塑料薄膜进行通风，还利用排风扇作为换气的主要动力，强制通风降温。排风扇一般和水帘结合使用，组成水帘—风扇降温系统。当强制通风不能达到降温目的时，水帘开启，启动水帘降温，这种通风除降温作用外，还可降低设施内湿度，补充CO_2气体，排出室内有害气体。

2. 蒸发降温

利用水蒸发吸热来降温，同时提高空气的湿度。蒸发降温过程中必须保证温室内外空气流动，将温室内高温、高湿的气体排出温室并补充新鲜空气，因此必须采用强制通风的方法。高温高湿的条件下，蒸发降温的效率会降低。还可以采用喷雾降温，直接将水以雾状喷在温室的空中，雾粒直径非常小，只有50～90微米，可在空气中直接汽化，雾滴不落到地面。雾粒汽化时吸收热量，降低温室温度，其降温速度快，蒸发效率高，温度分布均匀，是蒸发降温的最好形式。

3. 遮阳网降温

利用遮阳网（具一定透光率）减少进入温室内的太阳辐射，起到降温效果。遮阳网还可以防止夏季强光、高温条件下导致的一些阴生植物叶片灼伤，缓解强光对植物光合作用造成的光抑制。遮阳网遮光率的变化范围为25%～75%，与网的颜色、网孔大小和纤维线粗细有关。遮阳网的形式多种多样，目前常用的遮阳材料，主要是黑色或银灰色的聚乙烯薄膜编网，对阳光的反射率较低，遮阳率为45%～85%。

（二）保温和加温系统

通常情况下，温室通过覆盖材料散失的热量损失占总散热量的70%，通风换气及冷风渗透造成的热量损失占20%，通过地下传出的热量损失占10%以下。因此，提高温室保温性的途径主要是增加温室围护结构的热阻，减少通风换气及冷风渗透。生产中使用的采暖方式主要有热水式采暖、热风式采暖、电热采暖和红外线加温等。

1. 热水加温

热水采暖系统由热水锅炉、供热管道和散热设备3个基本部分组成。热水采暖系统运行稳定可靠，是玻璃温室目前最常用的采暖方式。其优点是温室内温度稳定、均匀，系统热惰性大，如果温室采暖系统发生紧急故障，临时停止供暖时，2小时内不会对作物造成大的影响。其缺点是系统复杂，设备多，造价高，设备一次性投资较大。

2. 热风加温

热风加温系统由热源、空气换热器、风机和送风管道组成。热风加温系统的热源可以是燃油、燃气、燃煤装置或电加温器，也可以是热水或蒸汽。为了使热风在温室内均匀分布，由通风机将热空气送入均匀分布在温室中的通风管。通风管由开孔的聚乙烯薄膜或布制成，沿温室长度布置。通风管重量轻，布置灵活且易于安装。

热风加温系统的优点是温度分布均匀，热惰性小，易于实现快速温度调节，设备投资少。其缺点是运行费用高，温室较长时，风机单侧送风压力不够，造成温度分布不均匀。

3. 电加温

电加温系统一般用于热风供暖系统。另外一种较常见的电加温方式是将电热线埋在苗床或扦插床下面，可以提高地温，主要用于温室育苗。

第三节　湿度环境及其调控

空气湿度和土壤湿度共同构成设施内的湿度环境。设施内湿度过大，容易造成作物茎叶徒长，影响正常生长发育。同时，高湿（湿度90%以上）或结露，常常是一些病害多发的原因。对于多数蔬菜作物来讲，光合作用的适宜空气湿度为60%～85%。

一、设施内湿度环境的特征

由于园艺设施是一种封闭或半封闭的系统，空间相对较小，气流相对稳定，使得内部的空气湿度和土壤湿度有着与露地不同的特性。

（一）设施内空气湿度的特点

1. 空气湿度相对较大

一般情况下，设施内空气相对湿度和绝对湿度均高于露地，相对湿度一般在90%左右，经常出现100%的饱和状态。日光温室及塑料大、中、小棚，由于设施内空间相对较小，冬春季节为保温很少通风，相对湿度经常达到100%。

2. 季节变化和日变化明显

设施内湿度环境的另一个特点是季节变化和日变化明显。

季节变化一般是低温季节相对湿度高，高温季节相对湿度低。在长江中下游地区，冬季（1—2月）各旬平均空气相对湿度都在90%以上，比露地高20%左右；春季（3—5月）由于温度的上升，设施内空气相对湿度有所下降，一般在80%左右，比露地高10%左右。因此，日光温室和塑料大棚在冬春季节生产，作物多处于高湿环境，对其生长发育不利。

绝对湿度的日变化与温度的日变化趋势一致，相对湿度则与之相反。相对湿度的日变化为夜晚湿度高，白天湿度低，白天的中午前后湿度最低。设施空间越小，这种变化越明显。春季的白天光照好，温度高，可进行通风，相对湿度较低；夜间温度下降，不能进行通风，相对湿度迅速上升。由于湿度过高，当局部温度低于露点温度时，会出现结露现象。

设施内的空气湿度因天气而异。一般晴天白天设施内的空气相对湿度较低，一般为70%～80%；阴天特别是雨天，设施内空气相对湿度较高，可达80%～90%，甚至100%。

3. 湿度分布不均匀

由于设施内温度分布存在差异，导致相对湿度分布也存在差异。一般情况下，温度较低的部位，相对湿度较高，而且经常导致局部低温部位产生结露现象，对设施环境及植物生长发育造成不利影响。此外，空间较大的保护设施内部，局部湿差往往较大。

（二）设施内土壤湿度的特征

设施内的土壤湿度与灌溉量、土壤毛细管上升水量、土壤蒸发量、作物蒸腾量及空气湿度有关。与露地相比，由于设施内空气湿度高于室外，土壤蒸发量和作物蒸腾量均小于室外，因而设施土壤相对较湿润。一般而言，设施内的蒸腾量和蒸发量为露地的70%左右，甚至更低。土壤湿度直接影响作物根系对水分、养分的吸收，进而影响到作物的生育和产量品质。

二、设施内湿度环境的调控

（一）设施内空气湿度的调控

设施内空气湿度的调控涉及除湿和增湿两个方面。一般情况下，设施内经常发生的是空气湿度过高，因此，降低空气湿度即除湿成为设施湿度调控的主要内容。

1. 除湿方法

空气除湿方法可分为两类，即被动除湿和主动除湿，其划分标准是看除湿过程是否使用了动力（如电力能源）。如果使用了动力，则为主动除湿，否则为被动除湿。

1）被动除湿

（1）自然通风。通过打开通风窗、揭开薄膜、扒缝等方式通风，达到降低湿度的目的。目前亚热带地区使用一种无动力自动涡轮状排风扇安置于大棚、温室顶部，靠热气流作用使风扇转动。

（2）覆盖地膜。地膜覆盖可以减少地表水分蒸发，从而降低相对湿度。没有地膜覆盖，夜间温室、大棚内相对湿度可达95%~100%，覆盖地膜后则可降至75%~80%。

（3）科学灌溉。采用滴灌、微喷灌，特别是膜下滴灌，可有效降低空气湿度。减少土壤灌水量，限制土壤水分过分蒸发，也可降低空气湿度。

（4）采用吸湿材料。覆盖材料选用无滴长寿膜，在设施内张挂或铺设有良好吸湿性的材料，用以吸收空气中的水汽或者承接薄膜滴落的水滴，可有效防止空气湿度过高和作物沾湿。如在大型温室和连栋大棚内部顶端设置具有良好透湿和吸湿性能的保温幕，普通大棚、温室内部张挂无纺布幕，地面覆

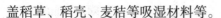

盖稻草、稻壳、麦秸等吸湿材料等。

（5）农艺技术。适时中耕，阻止地下水分通过毛细管上升到地表，蒸发到空气中。通过整枝、打杈、摘除老叶等措施，可提高株行间的通风透光条件，减少蒸腾量，降低湿度。

2）主动除湿

主动除湿主要依靠加热升温和通风换气来降低室内湿度，包括强制通风换气、热交换型除湿、除湿机除湿、热泵除湿等。其中热交换型除湿是通过通风换气的方法降低湿度，当通风机运转时，室内得到高温低湿的空气，同时排出低温高湿的空气，还可以从室外空气中补充CO_2。

2.增湿方法

作物正常生长发育需要一定的水分，当设施内湿度过低时，应及时补充水分，以保持适宜的湿度。园艺设施全年生产时，高温季节经常遇到高温、干燥、空气湿度不足的问题。另外，栽培空气湿度要求较高的作物，也需提高空气湿度。

常见的加湿方法有喷雾加湿（常与日中降温结合）、湿帘加湿、喷灌等。

（二）设施内土壤含水量的调控

设施内土壤含水量的调控主要依靠灌溉。目前，我国的设施栽培已开始普及推广以管道灌溉为基础的多种灌溉方式，包括直接利用管道进行的输水灌溉，以及滴灌、微喷灌、渗灌等节水灌溉方式。

采用灌溉设备对设施作物进行灌溉就是将灌溉用水从水源提取，经适当加压、净化、过滤等处理后，由输水管道送入田间灌溉设备，最后由田间灌溉设备对作物进行灌溉。一套完整的灌溉系统通常包括水源、首部枢纽、供水管网、田间灌溉系统、自动控制设备5部分。当然，简单的灌溉系统可以由其中的某些部分组成。

1. 水源

江河湖泊、井渠沟塘等地表水源或地下水源，只要符合农田灌溉水质要求，并能够提供充足的灌溉用水量，均可以作为灌溉系统的水源。应尽量选择杂质少、位置近的水源，以降低灌溉系统中净化处理设备和输水设备的投资。设施栽培更多的是在设施内部、周围或操作间修建蓄水池（罐），以备随时供水。

2. 首部枢纽

灌溉系统中的首部枢纽由多种水处理设备组成，从而将水源中的水变成符合田间灌溉系统要求的水，并将其送入供水管网中。完整的首部枢纽设备包括水泵与动力机、净化过滤设备、施肥（加药）设备、测量和保护设备、控制阀门等。有些还需配置水软化设备或加温设备等。

3. 供水管网

供水管网一般由干管、支管两级管道组成，干管是与首部枢纽直接相连的总供水管，支管与干管相连，为各灌溉单元供水。一般干管和支管应埋入地下一定深度以方便田间作业。设施灌溉系统中的干管和支管通常采用硬质聚氯乙烯、软质聚乙烯等农用塑料管。

4. 田间灌溉系统

田间灌溉系统由灌水器和田间供水管道组成，有时还包括田间施肥设备、田间过滤器、控制阀门等设备。灌水器是直接向作物浇水的设备，如灌水管、滴头、微喷头等。根据田间灌溉系统中所用灌水器的不同，灌溉系统分管道灌溉系统、滴灌系统、微喷灌系统、喷雾灌溉系统、潮汐灌溉系统和水培灌溉系统等多种类型。

5. 自动控制设备

现代化温室灌溉系统中已开始普及应用各种灌溉自动控制设备，如利用压力罐自动供水系统或变频恒压供水系统控制水泵的运行状态；采用时间控制器配合电动阀或电磁阀对温室内的各灌溉单元按照预先设定的程序自动定时定量灌溉；利用土壤湿度计配合电动阀或电磁阀及其控制器，根据土壤含水情况进行实时灌溉等。目前，先进的自动灌溉施肥机不仅能够按照预先设定的程序自动定时定量灌溉，还能按照预先设定的施肥配方自动配肥并进行施肥作业。

采用计算机综合控制技术，能够将温室环境控制和灌溉控制相结合，根据温室内的温度、湿度、CO_2浓度和光照水平等环境因素以及植物生长的不同阶段对营养的需要，及时调整营养液配方和灌溉量。自动控制设备极大地提高了温室灌溉系统的工作效率和管理水平，将逐渐成为温室灌溉系统中的基本配套设备。

第四节　气体环境及其调控

在设施栽培条件下，设施内与外界的空气流通受到限制，造成气体环境与露地不同。一方面，在没有人为补充CO_2的情况下，白天容易造成设施内CO_2匮乏，限制作物的光合作用。另一方面，自然空气中的有害气体含量虽然较低，但在设施内却容易积累，并对作物造成危害。

一、设施内的空气流动与调控

在外界自然条件下，由于空气的流动，作物群体冠层风速一般可达1米/秒以上，从而促进群体内水蒸气、CO_2和热量等的扩散。但在设施条件下，尤其是冬季温室密闭时，室内气流速度较低，会对作物的生育产生影响。

（一）空气流动与作物生长发育的关系

气流到达作物的叶片表面时，与叶片摩擦产生黏滞切应力，形成一个气流速度较低的边界层，称为叶面边界层。光合作用所需的CO_2和水汽分子进出叶面时，都要穿过这一边界层，因而其厚度、阻力都对叶片的光合与蒸腾作用产生重要影响。研究资料表明，叶面边界层厚度和阻力的大小与气流速度的大小密切相关，当气流速度在0.4～0.5米/秒以下时，叶面边界层阻力和厚度均增大；而在0.5～1米/秒的微风条件下，叶面边界层阻力和厚度显著降低，有利于CO_2和水汽分子进入气孔，促进光合作用，适宜设施作物生长。气流速度过大，叶片气孔开度减小，尤其在低相对湿度、高光强和高气流速度下，光合强度受到抑制。

（二）设施内气流环境的调节

为调控设施内气温、空气湿度和CO_2浓度而进行通风时，温室内产生气流。研究表明，在面积200米^{2}的温室内栽培番茄，当叶面积指数为3.5开启天窗进行自然通风换气时，室内绝大部分部位的气流速度在10厘米/秒以下；开启排风扇进行强制通风时，室内的气流速度也不超过30厘米/秒，群体内大部分不到10厘米/秒。

在温室内设置排风扇进行强制通风，可实现室内环境条件均一化，提高净光合速率和蒸腾强度，促进作物生长。将环流风扇安装在室内，冬季温室密闭时启动，搅拌空气使其流动，可使室内大部分部位的气流速度达到50~100厘米/秒。

二、设施内增施CO_2

由于栽培设施内长期处于密闭状态，通风换气受到制约，使设施内的大量CO_2消耗之后得不到及时补充，严重影响了光合作用的正常进行。因此，对栽培设施内增施CO_2气肥，可促进园艺植物作物的生长和发育进程，增加产量，改善品质，促进扦插生根，提高移栽成活率，还可增强园艺植物对不良环境条件的抗性，已经成为温室生产中的一项重要栽培管理措施。

目前，蔬菜生产中多采用化学反应产生CO_2或CO_2燃烧发生器等方法进行CO_2施肥，补充CO_2的时间，一般在晴天日出后半小时开始。

增施CO_2气体的设备有以下几种。

（1）烟气CO_2增施设备。通过CO_2增施设备，将煤炉烟囱中的CO_2气体提炼出来，通过管道释放到温室中。

（2）液化CO_2增施钢瓶。将酒精厂、石化厂的副产品CO_2气体，压缩、液化到钢瓶中，通过管道释放到温室中。

（3）化学反应法CO_2增施设备。通过专用设备，将二胺（化肥）与62%稀硫酸混合反应，产生的CO_2气体，通过管道释放到温室中。

三、设施内有害气体及其排除

（一）设施内常见有害气体及其来源

1. 氨气（NH_3）和二氧化氮（NO_2）

氨气通常由于施肥不当造成，如直接在密闭的温室地面撒施碳酸氢铵、尿素，施用未腐熟的鸡粪、饼肥，或在温室内发酵鸡粪及饼肥等，都会直接或间接释放出氨气。化学反应法作为CO_2施肥的肥源，选择碳酸铵或碳酸氢铵为原料，对反应后气体过滤不彻底，会逸出部分氨气。

氮肥施用量过大，土壤硝酸细菌活性减弱，亚硝酸态的转化受到抑制，造成在土壤中大量积累，在土壤强酸性条件下，亚硝酸变得不稳定而挥发。土壤中铵态氮越多，产生的亚硝酸越多。温室加热装置周围高温条件，催化N_2与O_2发生反应形成氮氧化物（NO_X）。

2. SO_2和CO

用硫黄粉熏蒸消毒温室，或者在深冬季节燃煤加温，燃料含硫量高易引起SO_2在温室内积聚。施用未腐熟的粪便或饼肥，在分解过程中也会产生SO_2。CO通常来源于燃料燃烧不充分和烟道漏气。

3. 邻苯二甲酸二丁酯、乙烯和氯气

邻苯二甲酸二丁酯是塑料薄膜增塑剂，当温室内白天温度高于30℃时，会不断地从塑料薄膜中游离出来。乙烯和氯气也主要来源于不合格的塑料薄膜或塑料管材。

（二）调控措施

1. 施用充分腐熟的有机肥

在有机肥施入前2～3个月，加水拌湿，盖严薄膜，经充

分发酵后再施用。严禁追施或冲施未经发酵的新鲜鸡粪或人粪尿。

2. 合理使用化肥

设施内使用化肥应注意以下几点：不施氨气、碳酸氢铵、硝酸铵等易挥发肥料；施用尿素、三元复合肥等不易挥发的化肥，提倡沟施、穴施，随后立即埋严、浇水。

3. 选用适宜的塑料制品

使用的地膜、透明塑料薄膜和塑料管材等都必须是安全无毒的，避免用再生塑料制品。

4. 及时排除有害气体

及时通风换气可避免有害气体积累。设施栽培过程中注意每天通风换气，即使在低温季节也要避免长时间处于密闭状态。硫黄消毒需在温室生产前一段时间进行。设施加温时，要选用低硫燃料，保证燃料燃烧能够得到充足的氧气供应，并架设烟道等及时排出尾气，经常检查，防止管道泄漏。

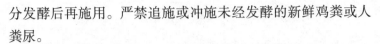

第五节　土壤环境及其调控

土壤供给作物生长发育所需要的养分和水分，土壤性状及其营养状况直接影响到作物的生长发育和产量形成，是十分重要的环境条件。设施栽培不同于露地，温度高，空气湿度大，栽培作物复种指数高，生长周期长，肥水用量大，轮作倒茬困难，因而导致设施土壤环境与露地土壤有较大差别。

一、设施内土壤环境特征

（一）土壤中水分和盐分运移方向与露地不同

设施是一个相对封闭的空间，自然降水受到阻隔，土壤缺乏雨水淋溶，土壤中积累的盐分不能被淋洗到地下。而且，由于土壤温度高，作物生长旺盛，蒸发和蒸腾强烈，"盐随水走"容易导致土壤表层盐分积聚。设施内特殊的水分运行方式是土壤盐分积累的动力。

（二）土壤中有机质和矿质养分含量较高

设施作物栽培，有机肥用量较大，作物根茬残留多，土壤有机质含量高，腐殖质和胡敏酸比例高。据测定，随着温室种植年限的增加，土壤有机质含量逐年升高，8年、5年和3年棚龄的土壤有机质含量分别为6.34%、4.55%和3.43%，明显高于露地的3.12%。由于设施内土壤有机质矿化率高，化肥施用量大，淋溶少，所以土壤中养分残留量高。土壤温度、湿度较高，土壤中的微生物活动旺盛，加快了土壤养分转化和有机质分解速度。

（三）土壤酸化和次生盐渍化

设施内土壤pH值随着种植年限的增加呈逐渐降低趋势，即导致土壤酸化。引起土壤酸化的原因：一是施用酸性和生理酸性肥料，如氯化钾、过磷酸钙、硫酸铵等；二是大量施用氮肥；三是作物对离子的不平衡吸收。土壤酸化除直接伤害作物外，还会影响土壤养分的有效性。在酸性土壤上，pH值降低会加重H^+及重金属铝、锰的毒害作用，抑制作物对磷、钙、镁等元素的吸收。土壤酸化和盐类积累会使土壤板结，通透性

变差，需氧微生物的活性下降，土壤熟化变慢。

设施内施肥量大，温度高，土壤矿化作用强烈，土壤蒸发和作物蒸腾作用旺盛，并且长年或季节性覆盖，土壤得不到雨水的充分淋洗，以及由于特殊的水分和盐分运移方式，容易引起盐分在土壤表层聚集，产生次生盐渍化。土壤溶液浓度过高会使作物生育受阻，产量和品质下降。

（四）土壤生物学特性发生变化

由于设施栽培作物种类比较单一，形成了特殊的土壤环境，使硝化细菌、氨化细菌等有益微生物的活动受到抑制。而且，由于设施内的环境相对温暖湿润，为一些病原菌和害虫提供了越冬场所。长期连作导致土壤微生物区系发生改变，对作物有害的微生物明显积累，微生物平衡遭到破坏，多样性降低，土传病虫害加重。

（五）容易发生植物自毒作用

自毒作用是指一些植物通过地上部淋溶、根系分泌和植株残茬分解等途径释放一些物质，从而对同茬或下茬的同种或同科植物生长产生抑制的现象。番茄、茄子、西瓜、甜瓜和黄瓜等多种园艺作物均有自毒作用。

二、设施土壤环境的调节与控制

（一）增施有机肥和有机物料

施用腐熟有机肥可以改进土壤理化性状，增加土壤疏松程度和透气性，提高地温，减轻或防止土壤盐分积累。设施土壤盐分积累以硝态氮为主，占阴离子总量的50%以上。降低土壤中硝态氮含量是改良次生盐渍化土壤的关键。使用秸秆等有机物料有利于减轻土壤次生盐渍化。除豆科作物秸秆外，禾本科作物秸秆的碳氮比较高，施入土壤后，在被微生物分解过程中，能够同化大量土壤中的氮素。使用秸秆不仅可以防止土壤次生盐渍化，而且还能平衡土壤养分，增加土壤有机质含量，促进土壤微生物活动，减少病害发生。

（二）施用微生物菌肥和控释肥

施用生物有机肥既能改良土壤的理化性状，增强土壤肥力，又能提高土壤微生物总量及其活性，可以有效地减轻蔬菜连作障碍。

控释肥是一种可对养分释放速度进行调节的新型肥料，能够做到肥料中营养元素的供应与作物对养分的需求基本同步，实现动态平衡。这种新型肥料对减少养分流失、提高肥料利用率、保持农业可持续生产具有重要意义，近年来作为高新技术在肥料领域发展很快。

（三）合理灌溉

设施土壤次生盐渍化导致表层土壤的盐分含量超出了作物生长的适宜范围。设施土壤中水分的上升运动和通过表层蒸发是造成盐分在土壤表层积聚的主要原因。合理灌溉可以降低土壤水分蒸发量，有效阻止盐分在土壤表层积聚。

灌溉方式和质量影响土壤水分蒸发。传统的漫灌和沟灌加速土壤水分蒸发，促进土壤盐分向表层积聚。滴灌和渗灌节水、经济，有利于防止土壤发生次生盐渍化。目前设施生产中常用的膜下滴灌措施非常有效。

（四）轮作、换土和无土栽培

轮作和休茬可以减轻设施土壤的次生盐渍化，减少病原菌积累，达到改良连作土壤的目的。设施蔬菜连续种植几茬以后，种植一茬玉米、水稻或者葱蒜类蔬菜，对于恢复地力、减少盐分积累和土传病害具有显著效果。换土是解决连作障碍土壤的有效措施之一，但是劳动强度大，实际生产中不容易被接受。

当设施土壤障碍发生严重，用常规方法难以解决时，可以采用无土栽培技术。近年来，在我国各地出现了各种类型的无土栽培形式，成本较低，技术容易掌握，取得了良好的栽培效果。

（五）土壤消毒

由于保护地设施的相对固定和保护地生产的多年连茬种植，常造成土壤和棚室中的病原菌、虫卵积累，尤其是一些土传病虫害连年发生。土壤消毒是控制土传病虫害的重要措施之一。棚室土壤消毒常用3种方法，即日光消毒、蒸汽消毒和药剂消毒。日光消毒，主要是封闭棚室后，利用夏季的自然高温来杀灭土壤病原菌和害虫虫卵；蒸汽消毒，一般是将土壤用塑料膜或篷布盖严，然后利用金属管将蒸汽导入其中，使内部温度升至80~85℃，并保持2小时，即可杀灭土壤中的病原菌和害虫；药剂消毒，常用40%甲醛，配成1∶50的药液处理土壤，用塑料薄膜覆盖1周后，掀掉薄膜，晾晒3~4小时，待甲醛挥发后便可种植。

第六节 设施农业环境的综合调控

在实际生产中，设施内的光照、温度、湿度、养分、CO_2等环境因子互相影响、相互制约、相互协调，形成综合动态环境，共同作用于作物的生长发育及生理生化等过程。因此，要实现设施栽培的高产、优质、高效，就不能只考虑单一因子，而应考虑多种环境因子的综合作用，采用综合环境调控措施，把各种因子都维持在一个相对最佳的组合下，并以最低限度的环境控制设备，实现节能和省工省力，保持设施农业的可持续发展。

设施环境综合调控有3个不同的层次，即人工控制、自动控制和智能控制。这3种控制方法在我国设施园艺生产中均有应用，其中自动控制在现代温室环境控制中应用最多。

一、设施环境的人工控制

单纯依靠生产者的经验和头脑进行人工控制，是其初级阶段，也是采用计算机进行综合环境管理的基础。有经验的菜农非常善于把多种环境要素综合起来考虑，进行温室大棚的环境调节，并根据生产资料成本、产品市场价格、劳力、资金等情况统筹计划，合理安排茬口，调节上市期和上市量，通过综合环境管理获取高产、优质和高效益。他们对温室内环境的管理，多少都带有综合环境管理的色彩。例如，采用冬前翻耕、晾垡晒土，早扣棚并进行多次翻土、晒土提高地温，多施有机肥提高地力，选用良种、营养土提早育苗，用大温差育苗法培育成龄壮苗，看天、看地、看苗掌握放风量和时间，配合光温条件进行灌水等，都综合考虑了温室内多个环境要素的相互作用及其对作物生育的影响。

依靠经验进行的设施环境综合调控，要求管理人员具备丰富的知识，善于和勤于观察，随时掌握情况变化，善于分析思考，并能根据实际情况做出正确的判断，让作业人员准确无误地完成所应采取的调控措施。

二、设施环境的自动控制

自动控制是指在没有人工直接参与的情况下，利用控制装置或控制机器，使机器、设备或生产过程的某个工作状态或参数自动地按照预定的规律运行。例如，温室灌溉系统自动适时地给作物浇灌补水等，这一切都是以自动控制技术为前提的。

（一）自动控制的基本原理和方式

自动控制系统的结构和用途各不相同，自动控制的基本方式有开环控制、反馈控制和复合控制。近几十年来，以现代数学为基础，引入电子计算机的新型控制方式，如最优控制、极值控制、自适应控制、模糊控制等。其中反馈控制是自动控制系统最基本的控制方式，反馈控制系统也是应用最广泛的一种控制系统。

（二）自动控制系统的分类

自动控制系统可以从不同的角度进行分类。例如，线性控制系统和非线性控制系统；恒值控制系统、随动系统和程序控制系统；连续控制系统和离散控制系统等。为了全面反映自动控制系统的特点，常常将各种分类方法组合应用。

（三）对自动控制系统的基本要求

尽管自动控制系统有不同的类型，对每个系统也都有不同的要求，但对于各类系统来说，在已知系统的结构和参数时，我们感兴趣的都是系统在某种典型信号输入下，其被控量变化的全过程。对每一类系统被控量变化全过程提出的基本要求都是一样的，且可以归结为稳定性、准确性和快速性，即稳、准、快的要求。

三、设施环境的智能控制

（一）智能控制技术概况

智能控制是一种直接控制模式，它建立在启发、经验和专家知识等基础上，应用人工智能、控制论、运筹学和信息论等相关理论，通过驱动控制系统执行机构实现预期控制目标。为了实现预期的控制要求，使控制系统具有更高的智能，目前普遍采用的智能控制方法包括专家控制、模糊控制、神经网络控制和混合控制等。其中，混合控制将基于知识和经验的专家系统、基于模糊逻辑推理的模糊控制和基于人工神经网络的神经网络控制等方法交叉融合，实现优势互补，使智能控制系统的性能更理想，成为当今智能控制方面的研究热点之一。近年来，基于混合控制理论的方法在智能控制方面的应用研究非常活跃，并取得了令人鼓舞的成果，形成了模糊神经网络控制和专家模糊控制等多个研究方向。

（二）设施环境智能化的主要表现

1. 作物生长评估系统的建立

设施农业的发展使对作物生长影响因子的研究，从局限于单因子作用转到对作物综合影响因子之间的互动性研究，从而建立更为严密的作物生长评估体系。反过来，根据作物评估体系建立机电控制数学模型，从而达到环境控制系统的智能化。在设施农业中，作物评估体系和环境控制系统的关系十分密切，事实上，作物评估体系也是计算机环境控制系统的有机组成部分。研究作物评估系统成为设施环境调控研究的一个方向。

2. 模糊控制理论在设施环境调控中的应用

针对温室环境控制的复杂性，目前许多专家正在研究模糊理论在设施环境调控方面的应用。

3. 设施生产环境自动化、智能化控制

要实现设施生产现代化，必须应用现代科学技术特别是计算机技术，实现设施环境控制自动化。

（三）智能控制技术在现代温室环境控制中的应用

现代温室环境智能控制系统是一个非线性、大滞后、多输入和多输出的复杂系统，其问题可以描述为：给定温室内动植物在某一时刻生长发育所需的信息，并与控制系统感官部件所检测的信息比较，在控制器一定控制算法的决策下，各执行机构合理运作，创造出温室内动植物最适宜的生长发育环境，实现优质、高产（或适产）、低成本和低能耗的目标。温室环境智能控制系统通过传感器采集温室内环境和室内作物生长发育状况等信息，采用一定的控制算法，由智能控制器根据采集到的信息和作物生长模型等的比较结果，决策各执行机构的动作，从而实现对温室内环境智能控制。

（四）设施环境智能化控制系统

现阶段，计算机技术作为重要的高新技术手段，被广泛应用于设施农业领域。传统的设施管理采用模拟控制仪表和人工管理方式，已不能适应现代农业发展的需要，将计算机技术引入设施农业，实现计算机智能控制，是最有效的途径之一。设施环境智能化控制系统的功能在于以先进的技术和设施装备人为控制设施的环境条件，使作物生长不受自然气候的影响，做到全年工厂化生产，实现高效率和高收益。

1. 系统组成

为实现对温室环境因子（湿度、温度、光照、CO_2、土壤水分等）的有效控制，智能化控制系统采取数据采集和实时控制的硬件结构，可以独立完成温室环境信息的采集、处理和显示。该系统设计由A/D、D/A的多功能数据采集板、上位机、下位机、继电器驱动板及电磁阀、接触器等执行元件组成。这些执行元件形成测量模块、控制输出模块、中心控制模块三大部分。

测量模块由传感器把作物生长的有关参量采集过来，经过变送器变换成标准的电压信号送入A/D采集板，供计算机进行数据采集。传感器包括温度传感器、湿度传感器、土壤水分传感器、光照传感器以及CO_2传感器等。

控制输出模块实现了对温室各环境参数的控制，采用计算机实现环境参数的巡回检测，依据四季连续工况设置受控环境参数，对环境参数进行分析，通过控制通风、遮阳、保温、降温、灌溉、施肥设备等，根据温室某环境因子超出设置的适宜参数范围时，自动打开或关闭控制设备，调节相应的环境因子。

中心控制模块由下位机作为控制机，检测现场参数并可直接控制现场调节设备，下位机也有人机对话界面以便于单机独立使用。上位机为管理机，针对地区性差异、季节性差异、种植种类差异，负责控制模型的调度和设置，使整个系统更具有灵活性和适应性。同时，上位机还具有远程现场监测、远程数据抄录以及远程现场控制的功能，在上位机前就有身临现场的感觉。另外，上位机还有数据库、知识库，用于对植物生长周期内综合生长环境的跟踪记录、查询、分析和打印报表，以及供种植人员参考的技术咨询。

2. 系统工作原理

植物生长发育要求有适宜的温度、湿度、土壤含水量、光照度和CO_2浓度，所以该系统的任务就是有效地调节上述环境因子，使其在相关要求的范围内变化。环境因子调节的控制手段有暖气阀门、东/西侧窗、排风扇、气泵、水帘、遮阳帘、水泵阀门等。根据不同季节的气候特点，环境因子调节的手段不同，因此控制模式也不同。

设施环境因子参考模型的建立以温度控制为核心，根据设施园艺作物在不同生长阶段对温度的要求不同分期调节。同时，要随作物一天中生理活动中心的转移进行温度调节。调节温度以使作物在白天通过光合作用能制造更多的碳水化合物、在夜间减少呼吸对营养物质的消耗为目的。调节的原则是以白天适温上限作为上午和中午增加光合作用时间段的适宜温度，下限作为下午的控制温度，傍晚4~5小时内比夜间适宜温度的上限提高1~2℃，以促进运转。其后以下限为夜间控制温度，最低界限温度作为后半夜抑制呼吸消耗时间带的目标温度。将一天分成4个时间段，不同时间段控制不同温度，这也叫变温控制。

在不同生长周期内蔬菜对湿度、土壤含水量、地表温度等环境因子的需求有明显的差异，而在同一天内的不同时间段内蔬菜的需求量并无明显差异。

在不同生长周期内蔬菜对光照度、CO_2浓度等环境因子的需求无明显的差异，而在一天的不同时间段内蔬菜的需求量却有明显差异。

3. 系统设计原则

日光温室环境控制系统的设计应遵循简单、灵活、实用、价廉的原则。

简单：结构和操作简单，系统的现场安装简单，用户使用方便，且具有一定的智能化程度，能通过对室内环境参数的测量进行自动控制。

灵活：系统可以随时根据季节的变化和农作物种类的改变进行重新配置和参数设定，以满足不同用户生产的需求。

实用：所设计的系统应充分考虑我国农业生产的实际情况，特别是在我国东北等寒冷地区，应保证对环境的适应性强、工作可靠、测量准确、控制及时。

价廉：为便于在我国的日光温室中应用及推广，研制的系统应保持在一般农户可以接受的水平上。

第四章

工厂化育苗技术

第一节 工厂化育苗的概念与特点

一、工厂化育苗的概念

工厂化育苗是以先进的育苗设施和设备装备种苗生产车间，以现代生物技术、环境调控技术、施肥灌溉技术、信息管理技术贯穿种苗生产过程，以现代化、企业化的模式组织种苗生产和经营，从而实现种苗的规模化生产。

二、工厂化育苗的特点

（一）节省能源与资源

工厂化育苗通过科学化管理和规模化生产，实现了对资源的高效利用。例如，穴盘育苗技术通过优化空间布局，使得每平方米的育苗数量大幅提升，从而减少了土地的使用面积。同时，通过精确控制环境条件，如温度、湿度和光照等，可以减少对能源的依赖，特别是在北方地区的冬季，通过使用节能型设备和保温技术，能够大幅度降低加热成本。此外，通过循环利用水资源和基质，工厂化育苗也减少了对新鲜资源的需求，实现了资源的可持续利用。

（二）提高秧苗素质

工厂化育苗通过标准化的生产流程，确保了种苗的均一性和高质量。使用科学配比的育苗基质和营养液，为幼苗提供了充足的养分和适宜的生长环境，从而使幼苗生长更加健康和均衡。此外，机械化和自动化的环境控制系统能够精确调节光照、温度和湿度等环境因素，为幼苗提供了最佳的生长条件。穴盘育苗技术使得幼苗根系与基质紧密结合，便于移植且不易损伤根系，从而提高了幼苗的成活率和生长速度。

（三）提高种苗生产效率

工厂化育苗采用先进的精量播种技术，能够精确控制播种量和播种位置，减少了种子的浪费，并且提高了种子的利用率。通过机械化播种，不仅提高了播种的速度和效率，还保证了播种的均匀性和准确性，从而提高了成苗率。此外，工厂化育苗还可以根据市场需求快速调整生产计划，灵活应对市场变化，提高了种苗生产的适应性和响应速度。

（四）适合长距离运输

工厂化育苗所使用的轻型基质和穴盘设计，使得种苗的重量大大减轻，便于长距离运输。这种设计不仅降低了运输成本，还减少了运输过程中对幼苗造成的损伤，保证了种苗的鲜活度和质量。这对于大规模的商品种苗生产和销售具有重要意义，有利于种苗产业的规模化和市场化发展。

（五）适合机械化移栽

工厂化育苗与机械化移栽技术的结合，实现了从育苗到移栽的全过程机械化。通过使用与穴盘规格相匹配的移栽机械，可以快速准确地将种苗移植到田间，大大提高了移栽效率和准确性。机械化移栽不仅减轻了农民的劳动强度，还降低了种植成本，提高了作物的产量和品质。

第二节 工厂化育苗的场地与设备

一、工厂化育苗场地

工厂化育苗的场地由播种车间、催芽室、控制室、育苗温室及附属用房等组成。

（一）播种车间

播种车间是进行播种操作的主要场所，通常也作为成品种苗包装、运输的场所。播种车间主要放置精量播种流水线，和一部分的基质、肥料、育苗车、育苗盘等。播种车间要求有足够的空间，便于播种操作及种苗的运输，使操作人员和育苗车的出入快速顺畅。

（二）催芽室

种子播种后进入催芽室。催芽室应提供种子发芽适宜的温度、湿度和氧气等条件，有些种子发芽过程中还需增加光照。

催芽室主要配备有加温系统、加湿系统、风机、新风回风系统、补光系统以及微电脑控制自动器等，室内温度在20~35℃范围内可以调节，相对湿度能保持在85%~90%范围内。催芽室内外、上下的温度、湿度在允许范围内相对均匀一致。

（三）控制室

工厂化育苗过程中对温室环境的温度、光照、空气湿度、水分、营养液灌溉实行有效的监控和调节，是保证种苗质量的关键。催芽室和育苗温室的环境控制系统由传感器、计算机、电源、配电柜和监测控制软件等组成，对加温、保温、降温排湿、补光和微灌系统实施准确而有效的控制。控制室一般具有环境控制、数据采集处理、图像分析与处理等功能。

（四）育苗温室

育苗温室是幼苗绿化、生长发育和炼苗的主要场所，是工厂化育苗的主要生产车间。育苗温室应满足种苗生长发育所需要的温度、湿度、光照、水、肥等条件。育苗温室设施设备的配置高于普通栽培温室，除了配置通风帘幕、降温、加温等系统外，还应装备苗床、补光、水肥灌溉、自动控制系统等特殊设备，保证种苗的高效生产。

二、工厂化育苗的主要设备

（一）穴盘精量播种设备和生产流水线

穴盘精量播种设备是工厂化育苗的核心设备，它包括以每小时1 000~1 200盘的播种速度完成拌料、育苗基质装盘、刮平、压穴、精量播种、覆土、喷淋全过程的生产流水线。穴盘精量播种技术包括种子精选、种子包衣、种子丸粒化和各类种子的自动化播种技术。精量播种技术的应用可节省劳动力、降低成本、提高效益。

（二）种子处理设备

常用的包括种子拌药机、种子表面处理机、种子丸粒机和种子包衣机等，以及用γ射线、高频电流、红外线、紫外线、超声波等物理方法处理种子的设备。广义的种子处理设备还包括种子清洗机械和种子干燥设备。

（三）基质的消毒设备

工厂化育苗都采用工厂化生产的育苗基质，消毒和合成过程在基质生产厂完成。在基质的生产和加工过程中往往需要杀灭病菌、虫卵和杂草种子等，因此需要配置基质消毒设备。育苗基质消毒常用的方法有蒸汽消毒、化学药品消毒、太阳能消毒。

（四）育苗温室环境控制系统

育苗环境自动控制系统主要指育苗过程中的温度、湿度、光照等的控制系统。在冬季和早春低温季节（平均温度5℃、极端低温−5℃以下）或夏季高温季节（平均温度30℃，极端高温35℃以上）进行育苗时，外界环境不适于幼苗的生长，温室内的环境必然受到影响。幼苗对环境条件敏感，要求严格，所以必须通过仪器设备进行调节控制，使之满足对光照、温度及湿度（水分）的要求，才能育出优质壮苗。

1. 加温系统

育苗温室内的温度控制要求冬季白天温度晴天达25℃，阴雪天达20℃，夜间温度能保持14～16℃，以配备若干台燃油热风炉为宜。水暖加温往往不利于出苗前后的升温控制。育苗床架内埋设电加热线可以保证秧苗根部温度在10～30℃范围内任意调控，以便满足在同一温室内培育不同秧苗的需要。

2. 保温系统

温室设置内外遮阳保温帘，四周有侧卷帘，入冬前四周加装薄膜保温。

3. 降温排湿系统

育苗温室可设置水帘系统。上部可设置外遮阳网，在夏季有效地阻挡部分直射光的照射，在基本满足秧苗光合作用的前提下，通过遮光降低温室内的温度。温室一侧配置大功率排风扇，温室内部也可悬挂环流风机，在高温季节育苗时可显著降低温室内的温度、湿度。通过温室的天窗和侧墙的开启或关闭，也能实现对温度、湿度的有效调节。在夏季高温干燥地区，还可通过湿帘、风机设备降温加湿。

4. 补光系统

苗床上部配置光通量1.6万勒克斯、光谱波长550～600纳米的高压钠灯。在自然光照不足时，开启补光系统可增加光照强度，满足各种幼苗健壮生长的要求。

（五）灌溉和营养液补充设备

种苗工厂化生产必须有高精度的喷灌设备，要求供水量和喷淋时间可以调节，并能兼顾营养液的补充和喷施农药。对于灌溉控制系统，最理想的是能根据水分张力或基质含水量、温度变化控制调节灌水时间和灌水量。应根据种苗的生长速度、生长量、叶片大小以及环境的温度、湿度状况决定育苗过程中的灌溉时间和灌溉量。苗床上部设行走式喷灌系统，保证穴盘每个孔浇入的水分和养分均匀。

（六）运苗车与育苗床架

运苗车包括穴盘转移车和成苗转移车。穴盘转移车将播完种的穴盘运往催芽室，车的高度及宽度应根据穴盘的尺寸、催芽室的空间和育苗数量来确定。种苗转移车采用多层结构，应根据商品苗的高度确定放置架的高度，车体可设计成分体组合式，以利于不同种类园艺作物种苗的搬运和装卸。

育苗床架可选用固定床架和育苗框组合结构或移动式育苗床架。应根据温室的宽度和长度设计育苗床架，育苗床上铺设电加温线、珍珠岩填料和无纺布，以保证育苗时根部的温度。每行育苗床的电加温由独立的组合式控温仪控制。移动式苗床设计只需留一条走道，通过苗床的滚轴任意移动苗床，可扩大苗床的面积，使育苗温室的空间利用率由60%提高到80%以上。育苗车间育苗架的设置以经济有效地利用空间、提高单位面积的种苗产出率、便于机械化操作为目标，选材以坚固、耐用、低耗为原则。

第三节　工厂化育苗的工艺流程

工厂化育苗工艺是用轻基质无土育苗或穴盘育苗，在一定容器内用基质和营养液，迅速大量培育各类作物种苗的现代化育苗方法。一般选用泥炭、蛭石、珍珠岩等轻质材料作育苗基质，用育苗盘装填基质，机械化精量播种，在现代化温室内一次成苗，并通过企业化的模式组织种苗生产和经营，供应和推广园艺作物优良种苗，达到节约种苗生产成本、降低种苗生产风险和劳动强度的目的，为园艺作物的优质高产打下坚实的基础。

工厂化育苗的工艺流程分为准备、播种、催芽、苗期管理、炼苗5个阶段。

一、准备阶段

准备阶段是工厂化育苗的起始阶段，其目的是为播种阶段提供合适的种子和基质条件。在这个阶段，种子和基质都需要经过一系列的处理过程。

（一）种子处理过程

首先进行选种，挑选出品质优良、无病虫害的种子。然后进行消毒处理，通常使用温水或化学药剂浸泡种子，以杀灭可能携带的病原体。接着将种子包裹在一层含有营养物质的保护层中，以促进种子的发芽和幼苗的生长。

（二）基质处理过程

基质的选择至关重要，需要根据作物的特性和生长需求进行配方的选择。基质通常由泥炭、珍珠岩、蛭石等材料混合而成，以保证良好的通气性和保水性。碎筛是将基质材料粉碎并筛选，去除较大的颗粒和杂质。加入有机肥料可以为幼苗提供必要的养分。混合是将各种基质材料和肥料均匀混合，以确保基质的均一性。最后进行消毒处理，杀灭可能存在的有害微生物。

（三）穴盘准备

穴盘是工厂化育苗的重要工具，需要进行彻底的清洗和消毒，以防止病原体的传播。清洗干净的穴盘待用。

二、播种阶段

播种阶段是工厂化育苗的关键环节，其目的是将处理好的种子均匀播种到基质中。

（一）基质搅拌

将处理好的基质进行均匀搅拌，确保基质的湿度和通气性。

（二）装盘

将搅拌好的基质装入穴盘中，每个穴孔填充适量的基质。

（三）打孔

在基质中打孔，为播种做准备。

（四）播种

将处理好的种子均匀播种到穴孔中，每个穴孔播种适量的种子。

（五）覆盖

在播种后的种子上覆盖一层薄的基质，保持种子的湿度。

（六）浇水

对播种后的穴盘进行适量浇水，确保基质的湿度适宜。

（七）放入种苗移动车

将播种好的穴盘放入种苗移动车中，准备进入下一阶段。

三、催芽阶段

催芽阶段是种子发芽的关键时期，需要精确控制环境条件。

（一）环境条件设定

根据不同种子的特性，设定适宜的昼夜温度、湿度和新风回风时间。例如，一些种子需要较高的温度和湿度来促进发芽。

（二）移入育苗温室

当大约60%的种子开始萌发时，将种苗移动车送入育苗温室，进行下一步的管理。

四、苗期管理阶段

苗期管理阶段是确保幼苗健康成长的重要环节。

（一）温度控制

通过温室的加热和通风系统，控制苗床和温室的温度，以满足幼苗的生长需求。

（二）施肥

采用基质施肥或营养液补充施肥，为幼苗提供必要的养分。施肥的方式和量需要根据幼苗的生长状况进行调整。

（三）病虫害防治

定期检查幼苗的生长状况，及时发现并处理病虫害问题。

五、炼苗阶段

炼苗阶段是为了让幼苗适应外界环境，以及提高其抗逆性和成活率的重要环节。

（一）降低夜间温度

通过调整温室的通风和加热系统，适当降低夜间温度，以锻炼幼苗的耐寒能力。

（二）降低基质含水量

通过减少浇水量，降低基质的含水量，锻炼幼苗的耐旱能力。

（三）使用防病农药

在必要时，适当使用防病农药，预防和控制病虫害的发生。

（四）商品化要求

当种子和基质达到商品化要求时，可以适当省略种子处理和基质准备过程，以提高生产效率。

第四节　工厂化育苗的质量控制

一、秧苗质量标准

工厂化育苗的目的是让秧苗作为现代企业的商品进入市场，和其他商品一样，必须有明确的质量标准。制定秧苗标准的作用是规范技术、签约订单与市场竞争。一般来说秧苗质量标准可以分为两个部分，即成苗标准和秧苗质量标准。

（一）成苗标准

原则上，成苗标准应该和秧苗出厂所要求的规格一致。具体的成苗标准应根据不同的作物种类、不同的育苗目的和生产条件来定。

（二）秧苗质量标准

同样达到成苗标准，秧苗质量可能会有所不同。质量标准着重于反映秧苗的生产潜力，即秧苗的增产潜力。生产厂家，必须有明确的质量标准，甚至可以将标准制定得更具体一些，不仅有形态指标，还要有一些生理指标，这样便于厂家对秧苗质量进行检查，也有利于分析与改进技术，促使产品质量的不断提高。

1. 形态指标

单一的形态指标往往难以代表真实的秧苗质量，根据多种复合形态指标与产量的相关性分析，目前生产中多采用如下指标作为判断秧苗质量的壮苗指标。

（1）日均绝对生长量：全株干重/育苗天数。

（2）壮苗指数：茎粗/株高×全株干重。

（3）叶面积/株高。

还有其他代表秧苗质量的壮苗指标表示方法，实际生产中应灵活选择应用。

2. 生理指标

通过测定一些生理（生化）指标用以说明某些生理上的变化或某项育苗技术所产生的生理上的反应，从而作为判定秧苗质量的一个标准。这在工厂化育苗条件下是另一类更实用和可靠的壮苗指标，因为工厂化育苗条件下有先进的测试手段和条件，这类指标往往更能代表秧苗的真实活力和质量。这些指标主要包括代谢活性指标（光合强度、呼吸强度、根系活力、吸水力、过氧化物酶活性）、体内物质含量（如碳、氮含量及其比值，糖、蛋白质、生长激素类物质等）及其抗逆性（相对电导率、脯氨酸、丙二醛）等的测试。

二、秧苗质量控制关键技术

（一）穴盘的选择

一般瓜类如南瓜、西瓜、冬瓜、甜瓜多采用50穴，黄瓜多采用72穴或128穴，茄科蔬菜如番茄、辣椒采用128穴和200穴，叶菜类蔬菜如西蓝花、甘蓝、生菜、芹菜可采用200穴或288穴。穴盘孔数多时，虽然育苗效率提高，但每孔空间小，基质也少，对肥水的保持性差，同时植株见光面积小，要求的育苗水平更高。

（二）基质的选择和配比

适合穴盘根系生长的栽培基质应该具备以下特色：保肥能力强，能够供应根系发育所需养分，避免养分流失；保水能力好，避免根系水分快速蒸发干燥；透气性佳，使根部呼出的 CO_2 容易与大气中的氧气交换，减少根部缺氧情况发生；不易分解，利于根系穿透，能支撑植物。

（三）播种和催芽

穴盘苗生产对种子的质量要求较高。出苗率低，造成穴盘空格增加，形成浪费；出苗不整齐则使穴盘苗质量下降，难以形成好的商品。因此，蔬菜穴盘育苗通常需要对种子进行预处理。种子处理的方法包括温汤浸种、药剂浸（拌）种、搓洗、催芽、引发等。

（四）苗床管理

在大规模育苗下，穴盘苗因穴孔小，每株幼苗生长空间有限，穴盘中央的幼苗容易互相遮蔽光线及湿度高造成徒长，而穴盘边缘的幼苗通风较好而容易失水，边际效应非常明显。因此，为了维持正常生长同时防止幼苗徒长，水量的平衡需要精密控制。穴盘苗发育阶段可以分为4个时期：第一期，种子萌发期，对水分和氧气要求较高，以利于发芽，相对湿度维持在95%～100%，供水以喷雾粒径15～80微米为佳；第二期，子叶及茎伸长期（展根期），水分供应稍微减少，相对湿度80%，使基质通气量增加，以利根部在通气较佳的基质中生长；第三期，真叶生长期，供水应随着幼苗成长而增加；第四期，炼苗期，限制给水以健化植株，阴雨天日照不足且湿度高时不宜浇水，浇水应在正午前，15:00后绝不可以浇水，以免夜间潮湿使幼苗徒长。穴盘边缘苗易失水，必要时进行人工补水。

（五）穴盘苗的炼苗

穴盘苗在播种至幼苗养成过程中的水分或养分供应充分，且在保护设施内幼苗生长良好。当穴盘苗达到出圃标准，经包装贮运定植至无设施保护的田间，各种生长逆境如干旱、高温、低温、贮运过程的黑暗弱光等，往往会造成种苗品质降低，定植成活率差，使农户对穴盘苗的接受度大打折扣。因此炼苗很重要。

穴盘苗在供水充裕的条件下生长，地上部发达，有较大的叶面积。但在移植后，田间日光直晒及风的吹袭下叶片水分蒸腾速率快，容易发生缺水情况，使幼苗叶片脱落以减少水分损失，并伴随光合作用减少而影响幼苗恢复生长能力。若出圃定植前进行适当控水，则植物叶片角质层增厚或脂质累积，可以反射太阳辐射，减少叶片温度上升快，减少叶片水分蒸散过快，以增强对缺水的适应能力。

出圃前应增加光照，尽量创造与田间比较一致的环境，使其适应，可以减少损失。冬季出圃前必须炼苗，将种苗置于较低的温度环境下3~5天，可以达到理想的效果。

（六）秧苗贮运

1. 包装与运输工具

1）秧苗包装

运输秧苗的容器有纸箱、木箱、塑料箱等，应该根据运输距离选择不同的包装容器。容器应有一定的强度，能经受一定的压力与路途中的颠簸。远距离运输，每箱装苗不宜太满，装车时既要充分利用空间，又要有一定的空隙，防止秧苗呼吸热的伤害。

2）秧苗运输工具

汽车运输，可以减少中间的卸装环节。长距离运输应采用保温空调车。选择结实并且价格低的苗箱。

2. 秧苗贮运质量保持技术

1）防止秧苗受冻

（1）秧苗锻炼。在秧苗运输前3~5天逐渐降温锻炼。在育苗前就应将锻炼的时间计划在内，保证秧苗有足够的苗龄。

（2）喷施植物低温保护剂。在运输前用1%低温保护剂喷施2~3次，可获得耐低温的良好效果。

（3）选用较好的装箱方法。在冬季贮运秧苗，不要采用穴盘包装方法，否则秧苗容易受冻。应采取裸根包装。包装箱四周垫上塑料薄膜或其他保温材料，防止寒风侵入伤害秧苗。

（4）做好覆盖保温。装箱后在顶部和四周用棉被覆盖严实保温，并用绳子固定，防止大风吹开。

2）防止秧苗"伤热"

避免高温装箱，喷施秧苗保鲜剂。在贮运时温度适宜或在适宜温度范围内温度偏低，可以通过装箱前浇水或喷水以增加贮运期间的箱内小环境的空气湿度；如果大环境气温高而贮运工具无法控温，可以采用根部微环境的保水处理措施（如在根系水分较好时用保温材料包裹根系等），以保持秧苗不萎蔫。因而提倡夜间运输。

3）防止秧苗"风干"

通过在育苗期喷施植物生长调节剂，使用抗蒸腾剂来防止秧苗"风干"。在运输过程中，车厢整体覆盖，每个包装箱留有一定的通气孔，箱与箱之间要留有一定的空隙。

第五章

蔬菜设施栽培技术

第一节 黄瓜设施栽培技术

一、设施黄瓜土壤栽培技术

黄瓜喜温不耐高温，对低温弱光忍耐能力较强，管理相对容易，产量高，是我国各地区大棚和温室主栽类型之一。日光温室栽培的主要茬口为早春茬、秋冬茬和冬春茬（越冬一大茬、越冬长季节栽培）；大棚茬口主要为春提早、秋延迟栽培，此外还有小拱棚覆盖春早熟栽培；现代温室多采用无土栽培进行一年春、秋两茬栽培。黄瓜设施土壤栽培技术要点如下。

（一）品种选择

黄瓜设施栽培原则上选用耐低温弱光、雌花节位低、节成性好、生长势强、抗病虫性强、品质好、产量高的品种。目前生产上常用的品种有津冬68、津春4号、津优35、博耐18B、博耐4000等，以及由荷兰、以色列等国家引进的温室专用品种及"水果型"黄瓜品种。

（二）育苗

黄瓜设施栽培多采用育苗栽培，常采用穴盘、营养钵等护根育苗技术，有条件的地区应大力提倡嫁接育苗，可以提高抗性，特别是重茬、土壤连作障碍严重的地区。

（三）定植

黄瓜根系易老化，应以小苗移栽为宜，定植时间根据不同茬口要求进行。增施有机肥，施肥量为4 000～5 000千克/亩，其中2/3普施，1/3施于定植沟中。增施有机肥可提高地温，促进根系生长，加强土壤养分供应，还可提高设施内CO_2浓度，保证黄瓜在低温季节生长发育正常。

定植密度一般为每亩定植3 000～4 500株，并根据不同栽培形式和栽培季节可进行适当调整。早熟栽培应适当密植，但过密则影响通风，易导致病害发生。采用垄作或高畦栽培。

（四）环境调控

1.温度管理

定植初期保持较高温度，促进植株生长。开花前应提高昼夜温差，促进植株营养生长，提高前期产量。生长前期（从开花到采收后第4周）的温度控制至关重要，产量与这一时期的温度直线相关。日平均温度在15～23℃范围内，平均温度每升高1℃，总产量也相应有所提高，因此这段时间宜尽量提高温度；生长后期（采收后第4周至结束）的温度控制不严格，对产量影响不大，可降低控制要求。

2.光照管理

设施栽培多处于秋、冬、春季，光照弱是这些季节的气候特点，也是限制黄瓜产量和品质的重要环境因子，应重视改善环境内光照条件：选用长寿无滴、防雾功能膜，并经常清扫表面灰尘；在保证室内温度的前提下，温室外保温覆盖物如草苫应尽量早揭、晚盖；在日光温室北墙和山墙张挂镀铝反光膜，增强室内光强、改善光照分布；栽培上采用地膜覆盖和膜下灌水技术，降低温室内湿度；采用宽窄行定植，及时去掉侧枝、病叶和老叶，改善行间和植株下部的通风透光。

3. 湿度管理

湿度的控制主要通过通风和灌溉来实现。低温季节晴天应短时放风排湿，时间一般为10～30分钟，浇水后中午要放风排湿，低温季节一般只放顶风，春季气温升高后，可以同时放顶风、腰风，放风量大小及时间长短应根据黄瓜温度管理指标和室内外气温、风速及风向等的变化来决定。

4. 肥水管理

总的原则是少量多次，采收之前适当控制肥水，防止植株徒长，促进根系发育，增强植株的抗逆性。开始采收至盛果期以勤施少施为原则，一般自采收起第3～5天浇稀液肥一次，施肥量先轻后重，以氮磷钾复合肥为主，避免偏施氮肥，每次施肥量为每亩10～30千克。结果后期及时补充肥水，防止早衰。

5. CO_2气肥

黄瓜生长盛期增施CO_2气肥可增产20%～25%，还可提高果实品质，增强植株抗性。通常在结果初期（在定植后30天左右）进行，在日出后30分钟至换气前2～3小时内施CO_2气肥，阴天施浓度低些。

（五）植株调整

当黄瓜植株长到15厘米左右，具4～5片真叶时开始插架引蔓或吊蔓。在果实采收期及时摘除老叶和病叶、去除侧枝、摘除卷须、适当疏果，可以减少养分损失，改善通风透光条件。摘除老叶、侧枝、卷须应在晴天上午进行，有利于伤口快速愈合，减少病菌侵染；引蔓宜在下午进行，防止绑蔓时造成断蔓。越冬长季节栽培的生长期长达9~10个月，茎蔓不断生长，可长达6~7米以上，因此要及时落蔓、绕茎，将功能叶保持在最佳位置，以利光合作用。落蔓时要小心，不要折断茎蔓，落蔓前先要将下部老叶摘除干净。

（六）病虫害防治

黄瓜设施栽培的主要病害有猝倒病、霜霉病、疫病、细菌性角斑病、白粉病、炭疽病、枯萎病、病毒病等。病害以农业综合防治为主，做好种子和育苗基质消毒，增施有机肥、高垄高畦、膜下滴灌、夏季土壤进行高温密封消毒、选用嫁接苗、防止重茬并注意控制温室和大棚的温度、湿度。化学防治选用高效低毒农药，注意用药浓度、时间及方法，提倡使用粉尘剂和烟雾剂。

（七）采收

黄瓜以嫩果为产品器官，采收期的掌握对产量和品质影响很大。从播种至采收一般为50~60天。黄瓜必须适时采收，采摘太早，果实保水能力弱，货架寿命短；采摘太迟，则果实老化，品质差，而且大量消耗植株养分，使植株生长失衡，后期果实畸形或化瓜（刚坐下的小瓜或果实在膨大时中途停止生长，由瓜尖至全瓜逐渐变黄，干瘪，最后干枯，故俗称化瓜）。尤其是根瓜应及早采收，结瓜初期2~3天采收一次，结瓜盛期1~2天采收一次。

二、设施黄瓜袋式栽培技术

袋式栽培是无土栽培的一种类型，其将无土栽培的固体基质（如草炭、蛭石等基质）填装到由尼龙布或者抗紫外线的聚乙烯塑料薄膜制成的栽培袋中，植株定植到栽培袋中，所需水肥由供液系统按需提供。袋式栽培便于肥水的控制，节约肥水；每个植株的根系都有自己的活动空间，根系舒展；一旦发生病害，整个植株比较容易清理；所用的基质全部经过消毒灭菌，本身无污染，生产的产品清洁卫生无污染；与非袋式无土栽培相比，空气相对湿度较低，有利于减轻霜霉病、白粉病等病害的发生，特别在冬季。下面对设施黄瓜袋式基质栽培技术作简要介绍。

（一）基质的准备和栽培袋的摆放

根据当地的实际情况，可分别选用稻壳、草炭、珍珠岩、蛭石、煤渣、菇渣、粉碎的秸秆等。

在栽培黄瓜前进行消毒处理，可以采用蒸汽消毒或者太阳能消毒。栽培袋规格可以是25厘米×40厘米×20厘米（长×宽×高）或120厘米×25厘米×20厘米（长×宽×高）。现在也有生产厂家专门生产处理好的基质袋，可以购买后直接种植。将混合好的基质装入基质栽培袋。封好袋后在底部离四角的3~4厘米处打2个直径为1~2厘米的孔，用于排除多余的水分以防沤根。栽培袋沿着滴灌毛管两侧摆放，两个基质袋南北方向的间距为20厘米（以确保植株的株距为40厘米），在栽培袋南北方向中线位置上用刀片划两个7~8厘米长的"十"字形，"十"字形中心点间距40厘米，防止水分过多发生沤根。

在温室或塑料大棚地面铺设白色或者黑色的无纺布，可防止黄瓜根系扎入土壤感染土传病害。为保证采光和充分利用场地，一般基质袋南北摆放，大小行放置。

（二）播种育苗

适宜播种期采用穴盘基质育苗有利于避免土壤传病。将处理后露白的黄瓜种子进行播种育苗，每个穴盘1粒种子，然后用草炭土覆盖。

（三）定植

适时定植有利于黄瓜的高产，提早产瓜时间，待黄瓜幼苗的第2片真叶完全展开时定植。高温季节一般在晴天的下午进行定植，低温季节可以在晴天上午定植。

定植前，将栽培袋内的基质浇透，并在栽培袋的顶部中间割"十"字形，取出少量的基质。为提高成活率，减少缓苗时间，将黄瓜幼苗与育苗基质一起栽入"十"字切口的栽培袋中，使育苗基质充分与栽培基质接触，为防止水分的过度散发，可在上面用不透光膜覆盖，定植后立即进行滴灌浇水，防止幼苗失水萎蔫。

（四）定植后管理

1. 温度、湿度管理

适宜的昼温22～27℃，夜温18～22℃，基质温度25℃，空气湿度保持在80%左右。

2. 营养液的管理

定植后3～5天需配合滴灌人工浇营养液，每天上午、下午各浇1次，每次100～250毫升/株。3～5天后再滴灌供液，每天3次，每次3～8分钟，单株供水量为0.5～1.5升，最多2升，具体随天气及苗的长势而定。如果栽培基质选用的是新的锯木屑，则定植到开花，营养液中应加硝酸铵以补充木屑被吸收的氮素；开花后，营养液的浓度应提高到1.2~1.5倍剂量；坐果后，营养液剂量继续提高，并另加磷酸二氢钾溶液，电导率值维持在2.4毫西门子/厘米左右，如果营养生长过旺可降低硝酸钾的用量，加硫酸钾可补充减少的钾量；结果盛期，营养液电导率可以提高到3.0毫西门子/厘米。

3.植株调整和果实采收

袋式基质栽培黄瓜的植株调整和果实采收与土壤栽培管理技术一致。

第二节　番茄设施栽培技术

番茄在果菜类蔬菜中较耐低温，适应性较强，也是重要的设施蔬菜之一，栽培面积仅次于黄瓜。我国番茄设施栽培以日光温室和塑料大棚为主要形式，小拱棚覆盖早熟栽培也有较大面积。此外，利用现代温室进行长季节无土栽培也有一定面积。下面主要介绍两种番茄设施栽培技术。

一、番茄越夏保护地栽培技术

番茄越夏保护地栽培主要供应8—11月番茄市场淡季，可采收至霜降。采用多层覆盖可延迟至11月底以后拉秧。常利用春季老棚及其棚膜进行生产，避免了露地栽培夏番茄产量低、品质差、病害重，尤其是病毒病和芽枯病极易大面积发生等不足时。从播种开始，全程保护栽培，防暴雨、防高温、防虫害、防强光，应选择地势高、通风和排水良好的地块。

（一）品种选择

越夏番茄的生长期处于高温多雨的季节，应注意选用耐强光、耐高温、耐潮湿、抗病性强、耐贮运的品种。

（二）播种育苗

适宜的播种期在4月中旬至6月中下旬，从种子开始预防病毒病，一般用高锰酸钾或磷酸三钠溶液浸种消毒，用湿布包裹，塑料布保湿，自然催芽。播种过早，与春番茄后期同时上市，价格低；播种过晚，留果穗数少，产量低，同时收获期推迟，与秋番茄同期上市，效益也差。

最好选用营养钵直播育苗法或无土育苗法。营养钵的直径和高均为8~10厘米，盖土厚度1~1.5厘米。播种后，在苗畦上搭拱棚，晴天10:00—16:00用薄草帘、遮阳网等遮阴降温，若用银灰色遮阳网还可起到驱避蚜虫的作用。雨前用塑料布防雨。最好采用防虫网覆盖，防止害虫进入苗床为害或传播病害。保护地夏番茄育苗期温度高，苗龄较短，从播种到定植约30天，5片真叶、株高12~15厘米即可定植。营养方育苗的必须带土坨定植，其他同露地夏秋番茄育苗。

（三）定植

1.栽培设施

遮阳防雨是该茬番茄栽培的重要措施，一般利用冬季使用的大棚，保留棚顶薄膜，因为这层薄膜之前用过，上面灰尘多，在防雨的同时还起到遮阳的作用。移栽前仔细检查棚膜是否有破损，及时修补，不能让雨水进入棚内。光线过强时棚膜上覆盖遮阳网或撒泥浆遮阳降温。有条件的地方，在大棚周围及其他通风处用防虫网盖严，防止害虫进入。

2. 整地施肥

前茬作物收获后立即进行腾茬、深耕，晒垡15天左右。结合深耕施足基肥。有机肥一定要充分腐熟。有的地方喜欢施入黄豆、玉米等作基肥，施前一定要煮熟，否则起不到应有的施肥效果。一般每亩施煮熟的玉米、黄豆或麸皮等50千克。深翻后耙平作畦。

3. 移栽定植

由于温度高、浇水勤，多采用马鞍形栽培，不用地膜。定植株行距0.3米×0.6米，每亩定植3 700株左右，小行距50厘米，大行距70厘米。栽后立即浇一次水，2天后再浇一次水。

（四）田间管理

1. 遮光降温

定植后用遮阳网遮光降温，使棚内温度不超过30℃，防止高温危害。缓苗后至坐果前要注意适当蹲苗，中午发现叶片轻度萎蔫时应适当补水。这样可有效控制芽枯病的发生。如遇阴雨，棚内湿度大，昼夜温差小，夜温高，加上光照差，会有徒长现象，可喷洒150毫克/升助壮素控制徒长。棚内多采用吊蔓栽培。

2. 整枝

采用单干整枝法，留4～5穗果，9月上中旬打顶。及时打杈，剪老叶、黄叶，增加田间通风透光性能。畦面要与吊绳铁丝对应，以备吊蔓。

3. 保花保果

开花期正值6—8月高温期，不利于授粉、受精，需用对氯苯氧乙酸保花保果。蘸花时间在每天上午无露水时和16:00以后，避开中午高温期。使用浓度为30毫克/升，防止产生畸形果。

4. 疏花疏果

在果实长到核桃大小时，果形已经明显。每穗选留健壮、周正的大果3~4个，其他幼果和晚开的花全部摘除，使植株集中养分供养选留的果实，以加速果实的生长膨大。

5. 浇水

开花期不要浇水，以免影响坐果。当第一穗果长到核桃大时开始追肥浇水，以后每次浇水都要施肥，每亩冲施氮磷钾复合肥15千克，腐熟鸡粪$0.3米^3$。保护地周围挖排水沟，及时将雨水排走，雨水温度高，应防止流入棚内。注意要在一天中的早、晚浇水，小水勤浇，中午高温期不浇水。

6. 换新棚膜

进入9月，气温逐渐降低，适合番茄生长，光照强度降低，应换上新棚膜，增加光照。10月中旬气温进一步下降，为防止早霜危害，周围拉上棚膜。拉棚膜前一周浇一次水，打一遍药防病。拉上棚膜前放风量要大，以后逐渐减少。秋季昼夜温差大，盖上棚膜后，果面结露时间长，易引起果皮开裂，降低商品性，应及时摘除果实周围的小叶，减少结露。进入11月，当白天气温降至18℃以下时，要及时拉二道幕，四周围草帘。注意夜间保温，否则番茄成熟慢，影响越冬茬蔬菜的种植。

二、番茄大棚秋延后栽培技术

番茄大棚秋延后栽培，生育前期高温多雨，病毒病等病害较重，生育后期温度逐渐下降，需要防寒保温，防止冻害。由于秋延后大棚番茄品质好，上市期正处于茄果类蔬菜的淡季，市场销售前景好，经济效益高。

（一）品种选择

选择抗病毒能力强、耐高温、耐贮、抗寒的中早熟品种。

（二）播种育苗

1. 种子处理

先用清水浸种3～4小时，漂出瘪种子，再用10%磷酸三钠或2%氢氧化钠水溶液浸种20分钟后取出，用清水洗净，浸种催芽24小时。

2. 苗床准备

选择两年内没有种过茄果类蔬菜、地势高燥、排水良好的地块作苗床。畦宽1.2米，耙平整细，铺上已沤制好的营养土5厘米。播前15天用100倍甲醛液喷洒土壤，密闭2～3天后，待5～7天药气散尽后播种。播前浇足底水。

3. 适时播种

应根据当地早霜来临时间确定播期，不宜过早过迟，过早正值高温季节，易诱发病毒病，过迟则由于气温下降，果实不能正常成熟，一般在7月中旬播种为宜。每亩栽培田用种40～50克。

（三）苗期管理

播种后，在苗床上覆盖银灰色的遮阳网。1~2片真叶时，趁阴天或傍晚，在覆盖银灰色遮阳网的大棚内排苗，最好排在营养钵中。排苗床要铺放消毒后的营养土，苗距10厘米×10厘米，及时浇水。高温季节若幼苗徒长，可从幼苗2叶1心期开始到第一花序开花前喷100~150毫克/千克的矮壮素2次。

（四）定植

1. 整地施肥

选择阳光充足、通风排水良好、两年内没种过茄果类蔬菜的大棚。定植地附近不要栽培秋黄瓜和秋菜豆，因二者易互相感染病毒。对连作地，清茬后应及时深耕晒土，在6—7月用水浸泡7~10天，水干后按每亩施100~200千克生石灰与土壤拌匀后作畦，并用地膜全部覆盖，高温消毒。每亩施腐熟有机肥4 000~5 000千克，复合肥30~50千克或饼肥200~300千克，深施在定植行的土壤深处。高畦深沟，畦宽1.1米，棚外沟深35厘米以上。

2. 及时定植

苗龄25天左右，3~4片真叶时，选择阴天或傍晚定植，南方一般在8月下旬至9月初，北方稍早。及时淋定根水，4~5天后浇缓苗水。

3. 定植密度

有限生长类型的早熟品种或单株仅留2层果穗的品种，每亩栽5 000~5 500株；单株留3层果穗的无限生长类型的中熟品种，每亩栽4 500株。每畦种2行，株距15~25厘米。苗要栽深一些。

（五）田间管理

1. 遮阳防雨

定植后，在大棚上盖上银灰色的遮阳网，早揭晚盖，盖了棚膜的应将大棚四周塑料薄膜全部掀开，棚内温度白天不高于30℃，夜间不高于20℃。有条件的最好畦面盖草降低地温。

2. 肥水管理

在施足基肥的前提下，定植后至坐果前应控制浇水，土壤不过干不浇水，看苗追肥，除植株明显表现缺肥外，一般情况下只施一次清淡的粪水作催苗肥，严禁重施氮肥。果实长至直径3厘米大小时，若肥水不足，应重施一次30%的腐熟人粪水。采收后看苗及时追肥。追肥最好在晴天下午，可叶面喷施0.2%～0.5%的磷酸二氢钾+0.2%的尿素混合液。灌水时不要漫过畦面，最好不要大水漫灌，灌水宜在下午进行，若能采用滴灌和棚顶微喷则更好，秋涝时应及时排水。

3. 保花保果

开花坐果正值高温，易落花落果，可用20～25毫克/千克的对氯苯氧乙酸蘸花或喷花，每朵花蘸一次，每花序喷一次。坐果后，每穗果留3～4个果后，其余疏去。

4. 植株调整

定植成活后，结合浇水用300毫克/千克矮壮素浇根2～3次防徒长，每次间隔15天左右。边生长边搭架，防倒伏。

发现病株要及时拔除，发病处要用生石灰消毒。及时摘除植株下部的老叶、病叶。采用单干整枝，如密度不足5 000株/亩，可保留第一花序下的第一侧枝，坐住一穗果以后，在其果穗上留1～2叶后其余摘除。侧芽3.3～6.7厘米长时及时抹除。主枝坐住2～3穗果后，在最上一穗果上留2～3叶后摘心。

5.保温防冻

当外界气温下降到15℃以下时，夜间及时盖棚保温，白天适当通风，11月上中旬要套小棚，12月以后遇寒潮还要加二道膜或草帘，保持棚内白天温度20℃，夜间10℃以上。棚内气温低于5℃时，及时采收、贮藏。

第三节　豇豆设施栽培技术

豇豆是豆科豇豆属一年生缠绕、草质藤本或近直立草本植物。豇豆的嫩豆荚和豆粒味道鲜美、食用方法多种多样，深受人们喜爱。豇豆依茎的生长习性可分为蔓生茎和矮生茎，具有耐高温、喜光、较耐旱、不耐涝等特点，常采用温室和大棚等设施进行栽培。

一、豇豆日光温室栽培技术

（一）品种选择

日光温室栽培一般选用蔓生品种，目前表现较好的品种有之豇28-2、上海33-47、秋丰、张塘。

（二）茬口安排

秋冬茬栽培时，一般从8月中旬到9月上旬播种育苗或直播，从10月下旬开始上市；冬春茬栽培一般是12月中下旬至1月中旬播种育苗，1月上中旬至2月上中旬定植，3月上旬前后开始采收，一直采收到6月。

（三）备种、选种和晒种

干籽直播的，按每亩用1.5～3.5千克备种；育苗移栽的，每亩备种1.5～2.5千克。为提高种子的发芽势和发芽率，保证发芽整齐、快速，应进行选种和晒种，要剔除饱满度差、虫蛀、破损和霉变种子，选晴天在土地上晒1～2天。

（四）整地施肥

亩用优质农家肥5 000～10 000千克，腐熟的禽粪2 000～3 000千克，腐熟的饼肥200千克，碳酸氢铵50千克。将肥料的3/5普施地面，人工深翻2遍，把肥料与土充分混匀，然后按栽培的行距起垄或整畦。豇豆栽培的行距平均为1.2米，或等行距种植或大小行栽培。大小行栽培时，大行距1.4米，小行距1米。开沟施肥后，浇水、造墒、扶起垄，垄高15厘米左右。另在大行间，或等行距的隔2行扶起1条供作业时行走的垄。

（五）育苗

提前播种培育壮苗，是实现豇豆早熟高产的重要措施。豇豆育苗可以保证全苗和苗旺，抑制营养生长，促进生殖生长，一般比直播的增产二三成。

1.适宜的苗龄

豇豆的根系木栓化比较早，再生能力较弱，苗龄不宜过大。适龄壮苗的标准：日历苗龄20～25天，生理苗龄是苗高20厘米左右，开展度25厘米左右，茎粗0.3厘米以下，真叶3～4片，根系发达，无病虫害。

2.护根措施

培育适龄壮苗的关键技术：采用营养钵、纸筒、塑料筒或营养土方护根育苗，营养面积10厘米×10厘米，按技术要求配制营养土和进行床土消毒。

3. 浸种

将种子用90℃左右的开水烫一下，随即加入冷水，使温度保持在25~30℃，浸泡4~6小时，离水。由于豇豆的胚根对温度和湿度很敏感，所以一般只浸种，不催芽。

4. 播种

播种前先浇水造足底墒。播种时，1钵点种3~4粒种子，覆上2~3厘米厚土。

5. 播后管理

播后保持白天30℃左右，夜间25℃左右，以促进幼苗出土。正常温度下播后7天发芽，10天左右出齐苗。此时豇豆的下胚轴对温度特别敏感，温度高必然引起植株徒长，因此要把温度降下来，保持白天20~25℃，夜间14~16℃。定植前7天左右开始低温炼苗。需要防止土壤干旱。豇豆日历苗龄短，子叶中又贮藏着大量营养，苗期一般不追肥，但须加强水分管理，防止苗床过干过湿，土壤相对湿度70%左右。注意防治病虫害。重点是防治低温高湿引起的锈根病，以及蚜虫和根蛆。

（六）定植

1. 定植（播种）适期

豇豆定植的适宜温度指标是，10厘米地温稳定在15℃，气温稳定在12℃以上。温度低时可以加盖地膜或小拱棚。定植前10天左右扣棚烤地。

2. 定植方法

冬春茬的定植宜在晴天的10:00—15:00时进行。一般在栽

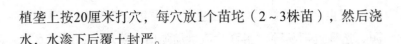

植垄上按20厘米打穴，每穴放1个苗坨（2～3株苗），然后浇水，水渗下后覆土封严。

（七）田间管理

1.温度管理

定植后3～5天不放风，提高温度，促进缓苗。缓苗后，保持白天25～30℃，夜间15～20℃。秋冬茬生产的，进入冬季后，要采取有效措施加强保温，尽量延长采收期。

2.肥水管理

定植时根据茬次掌握浇水。在定植水的基础上，秋冬茬缓苗后连续浇2次水；冬春茬分穴浇2次水，之后中耕、蹲苗，严格控制浇水。现蕾时浇1次小水，继续中耕，初花期不浇水。待蔓长1米左右，叶片变厚、节间短、第一花序坐荚、花序相继出现时，开始浇水，同时每亩施入硝酸钾20～30千克、过磷酸钙30～50千克。以后植株生长加快，下部果荚伸长，中上部花序出现时，再浇一次水。以后掌握浇荚不浇花、见干见湿的原则，大量开花后每隔10～12天浇一次水。

3.植株管理

植株伸蔓后要及时搭架或吊绳引蔓，注意不要折断茎蔓，否则下部侧枝丛生，通风不良，落花落荚，影响产量。主蔓第一花序以下萌生的侧枝长到3～4厘米时掐掉，确保主蔓健壮生长。第一花序以上各节初期萌生的侧枝，留1片叶摘心，中后期发生的侧枝留2～3片叶摘心促进侧枝第一花序的形成。当主蔓爬满架后摘心，促进各侧蔓上的花芽发育、开花、结荚。

4.病虫害管理

豇豆病虫害主要有豇豆煤霉病、白粉病、病毒病、茎腐病、蚜虫、豆荚螟等。病虫害防治采用合理轮作、清理田园、选择抗病品种、培育壮苗、加强田间管理、适时浇水追肥、注重有机肥及磷钾肥施用、促进植株生长健壮等农业防治；设置防虫网、使用黄板诱杀、高温闷棚等物理防治；释放昆虫天敌、以菌治虫治病等生物防治及化学防治相结合的综合防治技术。使用50%多菌灵可湿性粉剂500倍液，或75%百菌清可湿性粉剂600倍液，或70%甲基硫菌灵可湿性粉剂600倍液，每隔7~10天喷一次，连续喷2~3次，防治豇豆煤霉病、茎腐病；用20%盐酸吗啉呱·乙酸铜（病毒A）600倍液，3.85%苦·钙·硫黄600倍液，防治病毒病；用10%吡虫啉2 000倍液，每隔5~7天喷一次，连喷2次，可防治蚜虫。

5. 适时采收

当豆荚长成粗细均匀、豆粒不鼓，但种子已经开始生长时，为商品嫩荚收获的最佳时期，应及时采收上市。采收时不要伤及花序枝，更不要连花序柄一起摘下，要严格掌握标准，采收的豆角整齐一致。

二、豇豆塑料大棚早春提前栽培技术

（一）品种选择

选用早熟、丰产、耐寒、抗病力强，鲜荚纤维少、肉质厚、风味好，植株生长势中等、不易徒长、适宜密植的蔓生品种。主要有901、之豇28-2、高产4号、之豇特早30、早翠等。

（二）播种育苗

1. 整地施肥

早耕深翻，做到精细整地。春季在定植前15~20天扣棚烤地，结合整地每亩施入腐熟有机肥5 000～6 000千克，过磷酸钙80～100千克，硫酸钾40～50千克或草木灰120～150千克，2/3的农家肥撒施，余下的1/3在定植时施入定植沟内，定植前1周左右在棚内整畦，一般做成平畦，畦宽1.2～1.5米。

也可采用小高畦地膜覆盖栽培，小高畦畦宽（连沟）1.2米，高10～15厘米，畦间距30～40厘米，覆膜前整地时灌水。

2. 播种育苗

早春豇豆直播后，气温低，发芽慢，遇低温阴雨，种子容易发霉烂种，成苗差。因此，早春大棚豇豆栽培多采用育苗移栽，可使幼苗避开早春低温和南方多阴雨的环境，并且可有效抑制营养生长过旺，但豇豆根系易木栓化，不耐移栽，宜采用营养钵育苗。

在南方，播种期最早在2月中下旬，播种过早，地温低，易出现沤根死苗，苗龄过大，定植时伤根重，缓苗慢；播种过迟达不到早熟目的。

（三）定植

一般在2月底至3月上中旬，苗龄25天左右，当棚内地温稳定在10～12℃，夜间气温高于5℃时，选晴天定植，行距60～70厘米，穴距20～25厘米，每穴4～5株苗。

（四）田间管理

1. 温湿度管理

定植后4～5天密闭大棚不通风换气，棚温白天维持28～30℃，夜间18～22℃。当棚内温度超过32℃时，可在中午进行短时间通风换气。寒流、霜冻、大风、雨雪等灾害性天气要采取临时增温措施。缓苗后开始放风排湿降温，白天温度控制在20～25℃，夜间15～18℃。加扣小拱棚的，小棚内也要放风，直至撤除小拱棚。进入开花结荚期后逐渐加大放风量和延长放风时间，这一时期高温高湿会使茎叶徒长或授粉不良而招致落花落荚，一般上午当棚温达到18℃时开始放风，下午降至15℃以下关闭风口。生长中后期，当外界温度稳定在15℃以上时，可昼夜通风。进入6月上旬，外界气温渐高，可将棚膜完全卷起来或将棚膜取下来，使棚内豇豆为露地状态。

2. 查苗补苗

当直播苗第一对基生真叶出现后或定植缓苗后应到田间逐畦查苗补棵，结合间苗，一般每穴留3～4株健苗。由于基生叶生长好坏对豆苗生长和根系发育有很大的影响，基生叶提早脱落或受伤的幼苗也应拔去换栽壮苗。

3. 植株调整

大棚内不宜过早支架，但过迟蔓茎相互缠绕，不利于搭架。一般到蔓出后才开始支架，双行栽植的搭"人"字架，将蔓牵至"人"字架上，茎蔓上架后捆绑1～2次。豇豆每个叶腋处都有侧芽，每个侧芽都会长出1条侧蔓，若不及时摘除下部侧芽，会消耗养分，严重影响主蔓结荚；同时侧蔓过多，架间郁闭，通风透光不好，引起落花而结荚少，所以必须进行植株调整。调整的主要方法是打杈和摘心。

打杈是把第一花序以下各节的侧芽全部打掉，但打杈不宜过早，第一花序以上各节的叶芽应及时摘除，以促花芽生长。摘心是在主蔓生长到架顶时，及时摘除顶芽，促使中、上部的侧芽迅速生长，各子蔓每个节位都生花序而结荚，为延长采收盛期奠定了基础。至于子蔓上的侧芽生长势弱，一般不会再生孙蔓，可以不摘，但子蔓伸长到一定长度，3～5节后即应摘心。

4.水肥管理

浇定植水后至缓苗前不浇水、不施肥，若定植水不足，可在缓苗后浇缓苗水，之后进行中耕蹲苗，一般中耕2～3次，甩蔓后停止中耕，到第一花序开花后小荚果基本坐住，其后几个花序显现花蕾时，结束蹲苗，开始浇水追肥。

追肥以腐熟人粪尿和氮素化肥为主，结合浇水冲施，也可开沟追肥，每亩每次施人粪尿1 000千克，或尿素20千克，浇水后要放风排湿。大量开花时尽量不浇水，进入结荚期要集中连续追3～4次肥，并及时浇水。一般每10～15天浇一次水，每次浇水量不要太大，追肥与浇水结合进行，一次清水后相间浇一次稀粪，一次粪水后相间追一次化肥，每亩施入尿素15～20千克。到生长后期除补施追肥外，还可叶面喷施0.1%～0.5%的尿素溶液加0.1%～0.3%的磷酸二氢钾溶液，或0.2%～0.5%的硼、钼等微肥。

第四节 辣椒设施栽培技术

辣椒为一年生或有限多年生植物，是重要的经济作物，因其独特的辣味而深受人们的喜爱。辣椒设施栽培以日光温室秋冬茬、越冬茬和冬春茬，以及塑料大棚早春茬、秋延后茬为主，下面以大棚春提早促成、大棚秋延后栽培为例介绍辣椒设施栽培技术要点。

一、辣椒大棚春提早促成栽培技术

"塑料大棚+地膜+小拱棚"春提早促成栽培可比露地春茬提早定植和上市40～50天，春末夏初应市。盛夏后通过植株调整，还可进行连秋栽培，使结果期延迟到8月。

（一）品种选择

选用抗性好，低温结果能力强，早熟、丰产、商品性好的品种。

（二）播种育苗

长江中下游地区一般10月中旬至11月上旬，利用大棚进行越冬冷床育苗，或11月上旬至下旬用酿热温床或电热线加温苗床育苗。2～3叶期分苗，加强防寒保温等的管理。有条件的可采用穴盘育苗。

苗期病害主要有猝倒病，害虫主要有蚜虫、蓟马、茶黄螨、红蜘蛛等，应及时防治。

（三）适时定植

选择土层深厚肥沃、排灌方便、地势高燥的地块，前茬收获后，每亩施腐熟农家肥3 000～4 000千克、生物有机肥150千克、三元复合肥20～30千克，底肥充足时可以地面普施，肥料少时要开沟集中施用。

开沟时沟距60厘米，沟宽40厘米，深30厘米。施后要把肥料与土充分混匀，搂平沟底等待定植，整成畦面宽0.75米、窄沟宽0.25米、宽沟宽0.4米、沟深0.25米的畦。整地后可在畦面喷施芽前除草剂，如96%精异丙甲草胺乳油60毫升，或48%仲丁灵乳油150毫升，兑水50升，喷施畦面后盖上微膜，扣上棚膜烤地。

5~7天后，棚内最低气温稳定在5℃以上，10厘米地温稳定在12~15℃，并有7天左右的稳定时间即可定植。在长江中下游地区，定植时间一般在2月下旬至3月上旬，不应盲目提早，大棚内加盖地膜或小拱棚可适当提早。

选晴天上午定植，相邻两行交错栽苗，穴距30厘米，每穴栽2株，2株苗的生长点相距8~10厘米。

边栽边用土封住栽口，可用20%恶霉·稻瘟灵（移栽灵）乳油2 000倍液进行浇水定根，对发病地块，可结合浇定根水，在水内加入适量的多菌灵、甲基硫菌灵等杀菌剂，也可浇清水定根，但切勿用敌磺钠溶液浇水定根。定植后，及时关闭棚门保温。

（四）田间管理

1. 温湿度管理

定植到缓苗的5~7天要闭棚闷棚，不要通风，尽量提高温度。闭棚时，要用大棚套小拱棚的方式双层覆盖保温，棚温保持晴天白天28~30℃，最高可达35℃，尽量使地温达到和保持在18~20℃。

缓苗后降低温度。辣椒生长以白天棚温保持24~27℃、地温23℃为最佳，缓苗后通过放风调节温度，保持较低的空气湿度。

当棚外夜间气温高于15℃时，大棚内小拱棚可撤去，外界气温高于24℃后才可适时撤除大棚膜。注意防止开花期温度过高易落果或徒长。

2. 肥水管理

一般在分株浇2次水的基础上，在定植4～5天后再浇一次缓苗水。此后连续中耕2次进行蹲苗，直到门椒膨大前一般不轻易浇肥水，以防引起植株徒长和落花落果。

门椒长到3厘米长大小时开始追肥浇水，每亩可追施10～15千克复合肥加尿素5千克，以后视苗情和挂果量，酌情追肥。

盛果期7～10天浇一次水，一次清水一次水冲肥。一般可根施0.5%～1%的磷酸二氢钾1.5千克，加硫酸锌0.5～1千克，加硼砂0.5～1.0千克。

进入结果盛期，可进行叶面喷施磷酸二氢钾，配合使用光合促进剂、光呼吸抑制剂、芸苔素内酯等，每7～10天喷用一次，共喷5～6次。雨水多时，要注意清沟排渍，做到田干地爽，雨停沟干。棚内干旱灌水时，可行沟灌，灌半沟水，让其慢慢渗入土中，以土面仍为白色、土中已湿润为佳，切勿灌水过度。

3. 保花保果

定植后叶面喷施植物多效生长素3 000～4 000倍液；开花期喷施矮壮素4 000～5 000倍液；开花前后喷施增产灵30～50毫克/千克或辣椒灵6 000～8 000倍液。使用如下方法保花保果。

方法一：用对氯苯氧乙酸喷花和幼果。用1%对氯苯氧乙酸水剂，兑水333～500倍液，于盛花前期到幼果期，在10:00之前或16:00之后，用手持小喷雾器向花蕾、盛开的花朵和幼果上喷洒，也可蘸花或涂抹花梗。对氯苯氧乙酸在温度高时要多加水，温度低时少加水，当温度超过28℃时，加水量可为原液的667倍。与腐霉利、乙烯菌核利、异菌脲等农药，及磷酸二氢钾、尿素等混用，可同时起到预防灰霉病和补充营养的作用。使用时不要喷到生长点和嫩叶上，若发生药害，可喷20毫克/千克赤霉酸加1%的白糖解除。

方法二：用2,4-D蘸花或涂抹花梗。用20～30毫克/千克2,4-D水溶液，于傍晚前用毛笔蘸药涂抹花梗或花朵。棚温高于15℃时，用低浓度；低于15℃时，用高浓度。药液要当天配当天用，使用时间最好在早晨和傍晚，可加入0.1%的50%乙烯菌核利可湿性粉剂，预防灰霉病。

4. 植株调整

门椒采收后，门椒以下的分枝长到4～6厘米时，将分枝全部抹去，植株调整时间不能过早。

（五）采收

1. 采收期

辣椒早熟栽培应适时尽早采收，采收的基本标准是果皮浅绿并初具光泽，果实不再膨大。开始采收后，每3～5天可采收一次。由于辣椒枝条脆嫩，容易折断，故采收动作宜轻，雨天或湿度较高时不宜采收。彩色甜椒在显色八成时即可采收。

2. 采收方法

用剪刀连同果柄一起采摘。

二、辣椒大棚秋延后栽培技术

（一）品种选择

选择果肉较厚、果型较大、单果重、商品性好、抗病毒病能力强，且前期耐高温、后期耐低寒的早中熟品种，如中椒11

号、满田4004、辣优1号、辣优4号、世纪红、朝研101、绿宝5号等品种。

（二）育苗选择

排灌方便，地势稍高，没有种过茄果类蔬菜的肥沃砂壤土做苗床。播前种子用10%磷酸三钠溶液或0.1%硫酸铜溶液浸泡15～20分钟，捞出后用清水洗净晾干，不催芽，采用干籽直播。播种前搭好育苗用的温室大棚。盖好棚膜和遮阳网，进行遮阳、防雨、降温育苗。每平方米床面撒50%福美双可湿性粉剂10克。播种前苗床要浇透水，播种后覆土以盖没种子为度，并覆盖适量稻草。大棚上面需覆盖遮阳网，下面两边通风。65%左右的种子发芽后，及时揭去稻草。齐苗后晴天上午8:00—9:00时盖遮阳网，16:00—17:00揭开。土壤适干应洒水，以见干见湿为宜。生产中应密切注意天气变化，严防闷热天气烧苗。齐苗后喷施75%百菌清可湿性粉剂600倍液防治猝倒病。

（三）定植

定植前建好大棚，盖上棚膜，并对大棚进行消毒处理。也可采用硫磺粉熏烟，每100平方米大棚用硫磺粉、锯木屑、敌百虫粉各0.5千克，将大棚覆盖严，混匀配料熏烟一昼夜后，开棚排烟。结合整地，每亩施充分腐熟的鸡粪3平方米、农家堆肥3～5平方米、饼肥100千克、三元复合肥50千克，起垄整畦，以备定植。8月底至9月初，用黑色防草膜覆盖畦面。苗龄30～35天、10～12片叶，80%的植株现大蕾时，为最佳定植时期。定植时宜选阴天或晴天下午进行，每亩5 000穴左右，每穴植2株，破膜定植。

（四）温室管理

大棚温度在辣椒初花期白天保持28～30℃、夜间15～17℃。高于30℃要及时通风降温，下午降至20℃时，闭风保温。辣椒生长后期夜温低于15℃时，大棚内搭小拱棚；低于8℃时小拱棚膜上加盖草苫。白天棚内温度高于25℃时，大棚通风换气。为满足辣椒对光照的需求，温度回升时应注意揭苫增加光照。秋延后辣椒栽培应注意防冻害。秋延后辣椒施肥以基肥为主，看苗追肥，切忌氮肥施用过量，易造成坐果延迟。追肥以磷酸二铵为好，结合灌水，每亩每次追施10千克。结果期，每隔10～15天追施一次。结果盛期，可用0.4%磷酸二氢钾溶液加0.4%尿素溶液进行叶面喷肥。生长发育后期气温低，尽量少浇水和施肥。初霜来临前。要及时打掉多余侧枝、嫩枝、小花蕾及幼果，减少养分消耗，促进已挂果实膨大。一般情况下，每株辣椒以保留15～18个商品椒为宜。辣椒大棚秋延后栽培，主要病害有病毒病、疮痂病、疫病、炭疽病、灰霉病等，主要害虫是烟青虫等。

（五）采收促红

秋延后辣椒定植后，一般经过50～60天即可采收上市。如果当时价格合理，可以将门椒及对椒摘掉销售，因为它不再长大，摘掉后，可减轻植株的负担，有利于门椒以上的果实膨大生长。11月上旬，随着气温下降，要及时在小拱棚上加盖草苫，以提高棚内温度，促使辣椒长老变红。一般扣拱棚可提高5℃，拱棚上再盖草苫又可提高温度3～5℃，使长成的辣椒留在植株上保鲜，每天揭盖小拱棚的草苫，使之见光增温，这样可以延长到元旦、春节采收上市。

第五节 食用菌工厂化栽培技术

食用菌工厂化栽培是最具现代高科技农业生物产业特征的生产方式，是现代生物技术与现代信息技术、智能化控制技术、新材料技术等系统技术相结合的高新集成技术总成。目前，可供工厂化栽培的菇种主要有金针菇、杏鲍菇、海鲜菇、秀珍菇、真姬菇、蘑菇等，产品以鲜销为主。下面主要介绍金针菇和杏鲍菇的工厂化栽培技术。

一、金针菇工厂化栽培技术

金针菇营养丰富，富含人体所需的各种氨基酸，是我国栽培量最大的食用菌之一。随着栽培技术的不断进步，金针菇已经实现了工厂化全年栽培。其栽培模式主要分为袋栽和瓶栽两种。工厂化袋栽生产金针菇机械化程度和生产效率相对较低。而工厂化瓶栽可达到较高程度的机械自动化，各个生产环节均可以机械代替人工，可显著提高生产效率，产菇规格易统一，品质较好，是金针菇工厂化栽培的主要方式。

金针菇工厂化生产1个栽培周期约55天，其主要工艺流程如下。

（一）栽培料配制与搅拌

金针菇栽培料配制首先需要适宜的碳氮比。栽培料碳氮比对金针菇的产量和品质具有较大的影响。有研究表明，在金针菇生殖生长阶段，栽培料的碳氮比在（30～40）：1时，产出的金针菇菌丝较多且壮，产量高，同时品质较好。金针菇栽培原料包括玉米芯、杂木屑、玉米粉、细米糠、麸皮和碳酸钙等。栽培料采用搅拌机搅拌。栽培料拌料时遵循先粗料后细料的顺序。首先加入杂木屑和玉米芯等粗料，再加入米糠、麸皮、玉米粉等细料，最后加轻质碳酸钙等辅料。先干拌5~10分钟，再加水浸湿，水温控制在15~20℃，湿拌时间为50~70分钟，保证拌料均匀。每次拌完料取样检测水分和pH值。培养料含水量控制在65%~67%，灭菌前的培养料pH值为6.6~7.0。

（二）装瓶与灭菌

工厂化瓶栽可以实现机械装瓶。搅拌均匀的栽培料，以1 450毫升的栽培瓶为例，每瓶装料1 100克左右，高度为瓶肩以上1.5厘米左右，表面压实，在瓶中间打孔，并盖上过滤盖，以保证菌丝正常生长，装瓶过程全部机械自动化完成。工厂化瓶栽灭菌采用高压灭菌工艺。与传统常压灭菌相比，高压灭菌可大大降低杂菌污染的概率。在装瓶完成后，采用层架将栽培瓶推入高压灭菌柜中灭菌，灭菌时间控制在4小时以内，夏季可以在3小时左右。栽培料的装瓶和灭菌是金针菇稳定生产的基本保障，必须严格按照规范操作。

（三）放冷和接种

对于灭菌好的栽培瓶，气温较低时，自然冷却即可。如果要缩短冷却时间，可在预冷间制冷降温。灭菌后的栽培料温度降到25℃时，即可进行接种。将培育好的菌种，在无菌状态下采用机械自动接种。采用固体菌种接种时，每瓶接种量为30克左右；液体菌种接种时，每瓶接种30毫升左右。

在预冷间制冷降温时，也要避免冷却回流风造成的杂菌污染。栽培瓶接种是无菌要求最为严格的环节，所有操作应严格按照无菌标准进行，所用机械设备也应确保无杂菌污染。

（四）菌丝培养

接完种后即可将栽培瓶送往发菌室。发菌室最适温度为20℃左右，室内空气相对湿度控制在65%~70%。采用固体菌种接种，一般需要30天左右可长满菌丝，而采用液体菌种只需20天左右。

发菌室相对空气湿度应保持在适宜范围内。湿度过高或者过低都不利于菌丝的生长。湿度过低则菌丝生长缓慢；湿度过高则容易引起杂菌污染。栽培料接种后的发菌期间，由于菌丝生长过程中也会产生一定的热量，发菌室的温度要掌控好。通过室内通风换气等方法，控制室内的温度、氧气和二氧化碳含量。

（五）搔菌和催蕾

当栽培瓶长满菌丝后进行搔菌操作。即除去栽培瓶盖，用专用搔菌机自动将瓶口老菌块去掉，同时除去瓶口散落的栽培料，并补加无菌水5~10毫升。搔菌后直接进入催蕾室进行催蕾，空气相对湿度保持在90%，时间为8天左右。

目前，企业根据自身情况所采用的搔菌方法不尽相同，有的企业只是将栽培料表面的老菌皮去掉，而不整理栽培料表面平整度，而有的企业不搔菌，直接在老菌皮上生长原基，待长出菇蕾后采用强风吹拂，再进行催蕾，这种操作方式在一定程度上提高了杂菌感染的概率。各个企业在催蕾阶段的温度控制也不同，但温度整体控制在12~15℃。搔菌和催蕾过程要根据各菌种自身的生物学特性，结合工厂自身经验去调整，管理措施要有科学依据，否则会影响出菇，重者减产，造成产品品质下降等。

（六）抑制培养

在栽培瓶完成催蕾后，还需要进行抑制培养。抑制培养在抑菌室完成，主要控制环境的温度、湿度和二氧化碳含量等参数。根据金针菇的生物学特性和生产经验来确定具体参数，温度一般保持在6～8℃，空气相对湿度一般保持在82%～86%，并进行适当的通风，一般每2小时通风10分钟，抑制培养时一般需5～8天。

目前，各个生产企业在抑制培养过程中所采用的温度并不相同，有的采用3～4℃，有的采用5～8℃。温度对菇蕾的抑制起到非常重要的作用，如果温度过低，则菇蕾生长慢，影响出菇；如果温度过高，则后期金针菇子实体菌盖过大，影响商品价值。因此，抑制培养过程中一定要选择和控制好温度。

（七）生长

当金针菇菌柄高出栽培瓶1厘米时，将室温调到6～8℃，并进行适当的光照处理，采用蓝光光源，波长在460～470纳米，光照强度在50勒克斯左右。光照刺激原基形成和改善子实体品质。当子实体高出栽培瓶3～4厘米时，要及时进行套筒操作。工厂化生产企业现在一般采用塑料套筒，可以进行多次重复使用。套筒既可以促进菌柄的生长，同时也可以抑制菌盖的生长速度。

（八）采收

当菌柄生长至14～16厘米、菌盖在0.5厘米左右时，子实体即可采收。在采收前，需要调节培养室内的空气湿度来增加子实体的质量和保鲜期。一般通过加大通风的方式，使培养室空气相对湿度保持在70%～80%。

（九）包装与保鲜

采收后的子实体，根据市场要求，按照不同等级分别放置，把菌柄根部和培养料相连的部分去掉，进行真空包装。目前也有企业不剔除培养料部分直接真空包装，这种方法也可以延长子实体的保鲜期。包装完成后进行低温冷藏保鲜。

二、杏鲍菇工厂化栽培技术

杏鲍菇工厂化栽培技术以生产鲜菇销售为目的，采用工业化技术手段，在可控环境条件下，实现杏鲍菇的规模化、集约化、标准化、全年化生产。

（一）菌种选择

选择抗逆性强、抗杂菌力强、菌丝生长健壮、子实体生长快、优质高产的菌种，如杏鲍菇5号、杏鲍菇3号等。

（二）栽培袋制作

1.培养基配方

配方一：玉米芯48%、木屑20%、麦麸25%、玉米粉5%、石膏1%、白灰1%。

配方二：杂木屑20%、玉米芯30%、豆秸20%、麦麸25%、玉米粉3%、石膏1%、白灰1%。

2. 备料

木屑：将杂木粉碎，长时间（3~5个月）堆放，以便去除树脂和单宁等有害物质；细木屑和粗木屑宜混用。玉米芯：选择当年新鲜、无杂物的玉米芯，放在通风干燥处，防止雨淋受潮，使用前粉碎成麦粒大小颗粒，阳光下暴晒2~3天。麦麸、玉米粉、石膏、石灰等辅料准备齐全，妥善保管，防止霉变和损失。

3. 拌料

按照配方比例要求称取合格材料，主料搅拌同时加水预湿，装袋前半小时加入麦麸和石膏，要求混拌均匀，含水量为63%~65%，用石灰调整酸碱度至pH值为7.5。

4. 装料

一般采用17厘米×33厘米、厚度不低于0.04厘米高压聚丙烯塑料袋，料高为18厘米，应密实适中，上紧下松，整平料面，压实，料中间打直径2厘米的孔，深度为料高的2/3。套上套环，塞上棉花或盖上无棉盖。

5. 灭菌接种

将装好的菌袋放入周转筐中，采用高压蒸汽灭菌。高压蒸汽灭菌在125℃（0.12兆帕压力）持续2小时，待温度降至60℃以下时出锅。将灭菌后的菌袋直接搬进预先消毒的冷却室中，冷却至28℃以下待接种。

接种室在生产前1天采用紫外灯或气雾消毒剂全封闭灭菌，接种工具、器具、工作服、拖鞋和帽子等事先放入室内一起消毒。接种人员更换无菌工作服及鞋帽，用消毒液喷雾降尘，用75%酒精棉球擦手、接种工具及菌种瓶外壁，在无菌环境下接种。

6. 菌丝培养

接种后，将菌袋移至已消毒处理的养菌室内进行避光养菌。培养室温度保持在20～22℃，空气相对湿度应保持在70%以下；每天通风1～2次。接种后7天检查栽培袋污染情况，发现杂菌污染的菌袋及时清理。以后，每隔10天检查一次。培养30～35天菌丝长满菌袋，移至出菇室进行出菇管理。

（三）出菇管理

1. 栽培方式

采用层架式栽培：栽培袋直立或侧卧排放在出菇房的栽培架上底部栽培出菇。每立方米100个菌袋左右。

2. 催蕾

菌丝长满袋移入栽培室进行出菇管理。采用专用开口工具在菌袋底部开半圆形口，宽度2厘米，深度1厘米。温度控制在10～18℃，空气相对湿度控制在80%～90%，光照强度控制在500勒克斯。

3. 菇蕾期管理

温度控制在12～18℃，空气相对湿度控制在80%～90%，光照强度控制在800勒克斯，每天通风1～2次，每次20～30分钟。当原基达到2厘米时，将多余的小菇蕾切去，每袋保留1～2个菇蕾。

4. 成菇期管理

温度控制在12～16℃，空气相对湿度控制在85%～95%。每天通风2～3次，每次20～30分钟。光线强度控制在500～

1 000勒克斯，以散射光为主。

（四）采收及贮藏

1. 采收标准

菌盖即将平展、边缘微内卷、孢子尚未弹射时，手握菇柄轻轻旋转，待菇柄基部脱离料面后取出。

2. 分级

去掉菌柄基部的碎屑、杂质，挑出伤、残、病菇，分选后分类包装、称重。鲜菇要及时放在3～5℃的冷库贮藏，不得与有害物质混放。注意防霉、防虫。

第六章	花卉设施栽培技术

第一节　玫瑰设施栽培技术

玫瑰喜欢阳光充足的生长环境，在生长季节需要丰富的日照时间，一般每天不能少于8小时。玫瑰对空气温湿度也有要求，温度不够，太过湿润容易引发锈病和白粉病，过于干燥或温度太高会影响生长发育，降低产量。玫瑰生长最适宜的温度为15～26℃，空气湿度75%～80%最为适宜，当棚温超过30℃时生长受抑制，花芽不再分化，长时间高温会死苗；当棚温低为15℃以下，即进入休眠期，停止生长。所以，要注意玫瑰的保温措施，避免受害而影响生长。对土壤的要求相对不是很严格，微酸或微碱的条件下都可以生长。

一、品种选择

玫瑰商品以纯色为主，主色系为红色，其次为粉色和白色，再次为复色。种植比例可以为红色∶粉色（白色）∶复色3∶1∶1。品种选择红色系卡罗拉、黑魔术、法国红、卡马拉、金焰；粉色系戴安娜；白色系雪山、坦尼克、蜜桃雪

山；复色系金辉、红袖、诱惑。

二、土地准备

（一）平整土地

大棚种植要选择地势开阔平整、光照条件充足、灌溉、通风和排水便利的地块。

（二）选棚与施肥

采用北方普通日光温室，覆盖无滴塑料膜，考虑到通风等情况，日光温室需要有通风设施。在种植玫瑰花之前，事先翻整一下土地，保证土壤疏松适宜。结合整地，施入腐熟的牛粪、草炭和适量的化肥等作为基肥，保证大棚中养分充足。

三、定植

（一）定植前准备工作

定植前，需要先将整个地块灌溉一遍，这个过程长达半个月，目的是将土地浇透，使得土壤内部湿润土壤下沉紧实。同时，喷洒防治病虫害的农药。

（二）定植

定植时需要保持土壤的湿润，采用根多、枝叶壮鲜的玫瑰苗进行栽种。栽种时，需要将2/3的苗埋入土壤中，1/3露出地面，需要注意的是，不能用力过大，只需要将其轻轻栽入土壤中即可，以免损伤玫瑰苗。玫瑰苗栽植密度为株距20厘米，行距30～40厘米，栽植后要四周填土压实，浇足底水。

四、施肥与灌水管理

（一）施肥灌水方式

大棚种植，一般采用滴灌灌溉方式。在安装滴灌设施时，每个过道都需要水管并且连接滴管，这样可提高水肥的利用率。追肥原则是以有机肥为主，磷钾配合，少量勤施，主要以早春发芽期、孕蕾期、开花期为重点。

（二）灌水时间

定植后需要及时浇水，通常每10天浇一次水，使得根系与土壤充分接触，增加养分及水分的吸收效果。每天早上以清水喷雾，保持大棚内的湿度。

五、中耕除草

玫瑰生长期间，除草工作也是一个非常重要的环节。既要防止杂草滋生，以及病虫等侵害，又要保护花朵的生长，不能直接使用农药，需要人工拔除。同时结合除草，对玫瑰植株行间需要进行人工中耕松土，增加土壤通气性，促使根系伸展，为玫瑰生长提供更好的条件。

六、修剪与更新

玫瑰在生长茂盛期，常常枝叶繁茂纵横交错，要及时修剪枝叶，确保通风、透光，防止病虫害发生。修剪时结合具体情况，科学修剪，既不能剪掉太多影响产量，也不能留枝过密，引发病虫害。一般前3年不需要修剪，第4年开始植株老化需要适当修剪和更新。

修剪玫瑰分为更新修剪和疏枝修剪。更新修剪多是为了植株生长旺盛，能够生产更好更多的花而做的一种更新和维护；疏枝修剪主要是针对玫瑰的根部进行剪除，主要是除残枝、枯枝、老枝和病枝等。

七、采摘贮藏

成熟玫瑰最佳采收期为花萼松散、花瓣伸出萼片时。花瓣多的品种以及早春和秋冬季气温低时适当晚采；夏季高温时适当早采。

玫瑰鲜切花采收时间为清晨或傍晚。在基部向上3～6片叶上剪取。注意保护花蕾，避免枝条上的刺互相划伤和磕碰等机械伤。剪切后必须5分钟内插入盛有保鲜液的桶中；保鲜液深度15～20厘米，其中保鲜液为玫瑰专用，pH值4.3±0.1，保鲜液使用前要完全溶解和充分搅拌，以确保浓度准确。

花采收后在植株四周开沟填腐熟有机农肥，同时剪除枯枝、病枝、交叉枝。

第二节　非洲菊设施栽培技术

非洲菊又名扶郎花，喜温暖，但不耐炎热，生长适温20～25℃；根系为肉质根，不耐湿涝；要求通风条件良好，否则易发生立枯病和茎腐病；喜光但不耐强光，夏季应适当遮阳；要求土壤肥沃疏松，排水良好，土壤微酸性；不宜连作，否则易发生病害，可采用无土栽培，避免连作障碍。

一、品种选择

非洲菊有单瓣品种，也有重瓣品种；有切花品种，也有适于盆栽的品种；从花色上划分为橙色系、粉红色系、大红色系和黄色系品种。在品种选择上应根据市场要求，同时注意到产量性状和抗性。

二、设施要求

我国南方地区的云南、广州、海南多采用防雨棚、竹架塑料大棚，辽宁、山东、河北、陕西、甘肃等地利用日光温室、塑料大棚，上海、江苏等地非洲菊主要用塑料大棚或连栋温室进行栽培。

三、繁殖方式

非洲菊繁殖可以采用播种繁殖、分株繁殖和组培快繁技术。组培快繁是非洲菊现代化生产的主要繁殖方式。采用茎尖、嫩叶、花托、花茎等作为外植体，均可进行组培快繁。

四、栽培管理

（一）定植

非洲菊根系发达，栽培床应有厚度25厘米以上疏松肥沃的砂质壤土层。定植前应多施有机肥，如果是基质栽培，肥料应与基质充分混匀。定植的株距25厘米，一般每平方米9株，不能定植过密，否则通风不良，容易引起病害。

（二）定植后管理

当非洲菊进入迅速生长期以后，基部叶片开始老化，要注意将外层老叶去除，改善光照和通风条件，以利于新叶和花芽的产生，促使植株不断开花，并减少病虫害的发生。

在温室中非洲菊可以全年开花，因而需在整个生长期不断施肥以补充养分。肥料可以氮、磷、钾复合肥为主，注意增施钾肥，N∶P∶K比例为15∶8∶25。为保证切花的质量，要根据植株的长势和肥水供应条件对植株的花蕾数进行调整，一般每株着蕾数不宜超过3个。冬季应加强光照管理，夏季强光季节应适当遮阳。

（三）病虫害防治

设施栽培非洲菊，主要病害有褐斑病、疫病、白粉病和病毒病。病害的防治应以预防为主，定植时注意不能过深，保证日光充足，通风良好，加强苗期检疫，提高植株的抗病性。还可以用茎尖培养的方法生产脱毒苗，结合基质消毒，减少发病概率。非洲菊设施栽培的主要虫害有红蜘蛛、棉铃虫、地老虎。发生病虫害时，应进行药剂防治。

五、采收

单瓣非洲菊品种，当两三轮雄蕊开放时即可采收；重瓣非洲菊品种，当中心轮的花瓣开放展平且花茎顶部长硬时即可采收。国产的非洲菊一般10枝/把用纸包扎，干贮于保温包装箱中，进行冷链运输，在2℃下可以保存2天。

第三节　百合设施栽培技术

百合是百合科百合属植物，适应性较强，喜凉爽、湿润的半阴环境，较耐寒冷，属长日照植物。无性繁殖和有性繁殖均可，生产上主要用鳞片、小鳞茎和珠芽繁殖。百合花姿雅致，叶片青翠娟秀，有较高的观赏价值。

一、品种选择

冬春种植宜选择生长势强、植株高、茎秆粗的品种；秋季种植需选择对光照不敏感的品种；夏季宜选用耐热、抗病、茎秆高、盲花率低的品种。除此之外，还要考虑市场前景、产品生产成本和生产周期、品种的特性。作为切花百合栽培，主要选用以下品种。

（一）亚洲百合杂种系

花朵向上开放，花色鲜艳，生长期从定植开花一般需12周。适用于冬春季生产，夏季生产时需遮光50%。该杂种系对弱光敏感性很强，冬季在设施中需每日增加光照，以利开花，若没有补光系统则不能生产。

（二）麝香百合杂种系

花为喇叭筒形、平伸，花色较单调，主要为白色，属高温性百合，夏季生产时需遮光50%，冬季在设施中增加光照对开花有利。从定植到开花一般需16~17周，生长期较长，有些品种生长期短，仅10周。

（三）东方百合杂种系

花型姿态多样，花色丰富，花瓣质感好，有香气。生长期长，从定植到开花一般需16周，个别品种长达20周。要求温度较高。夏季生产时需遮光60%～70%，冬季在设施中栽培对光照敏感度较低，但对温度要求较高，特别是夜温。

二、种球处理

种球的好坏是百合切花栽培的关键，首先选择好的种球，在10～15℃阴凉处进行缓慢解冻。若不能及时种植，将种球放置在0～2℃条件下，可保存2周，2～5℃条件下可存放1周，存放时应打开塑料包装薄膜。待种球完全解冻后，用多菌灵或高锰酸钾配成消毒液浸泡消毒。为了提高日光温室的利用率，保证百合生长期一致、花期一致。需对未萌芽的鳞茎进行催芽处理：将鳞茎排放在厚3～4厘米经过消毒的基质上，然后再盖上2～3厘米的基质，浇水后在18～23℃的条件下进行催芽，正常情况下4～5天即可发芽。如果是收获的二茬种球，需先进行种球消毒，然后用7～13℃低温冷藏，44～45天打破休眠，即可种植。

三、土壤处理

（一）改良土壤

百合对盐极敏感，高盐量的土壤会抑制根系吸水，从而影响百合茎的高度。百合喜欢疏松透气、排水良好、富含腐殖质、土层深厚的微酸性砂质土壤，有条件的可使用优质泥炭整畦栽培。土壤偏碱性使用石膏、磷石膏、硫酸亚铁、腐殖酸钙等配合有机肥改良土壤。每亩施入充分腐熟的堆肥、厩肥等2 000 ~ 3 000千克，配合施用硫酸钾及过磷酸钙等磷钾肥30 ~ 40千克。

（二）土壤消毒

在种植过百合的地块要进行土壤消毒，40%的福尔马林配成100倍液泼洒土壤，用量为每平方米2.5千克，泼洒后用塑料薄膜覆盖5 ~ 7天。揭开晾晒10 ~ 15天后即可种植，也可用多菌灵原粉每平方米8 ~ 10克撒入土壤中进行消毒。

（三）整地

南北向为高畦或栽培床，畦面宽100 ~ 120厘米，畦高25厘米，或铺设草炭厚度30厘米，行道宽60厘米。种植前一周浇一次透水，种植前3 ~ 4天防雨，同时用遮光率50% ~ 70%的遮阳网对日光温室进行覆盖遮阳。

四、定植

根据品种的生育期、供花时间和温室的保温性能确定。以春节为供花目标，亚洲百合和铁炮百合适宜种植期为9月底至10月初，东方百合适宜种植期为9月初。种植采用沟栽，种植深度以栽后保持鳞茎上方土层厚6 ~ 8厘米，确保发芽后茎生根不露出土面，种植时不要用力按压，以防碰伤鳞茎盘或根系。种植密度根据栽培品种的种球的规格不同而异。一般选用宽1.2米的苗床，种植密度根据种球的大小而定，以16厘米 × 20厘米株行距为宜。周径10 ~ 12厘米的种球，每平方米亚洲百合50 ~ 55粒、东方百合40 ~ 50粒、铁炮百合45 ~ 55粒。随着种球周径的增大，密度可适当减小。种植后用遮阳网遮阳，用覆盖物适当覆盖，可对土壤降温和保湿，当10%芽露出土面时揭除所有覆盖物。

五、温度、湿度、光照管理

茎生根未长出之前控制温度为12～14℃以利萌发及根系生长，茎生根长出后控制温度为14～25℃，控制白天温度不超过28℃，夜间温度不低于10℃，昼夜温差控制在10℃。冬季温度偏低时采用热水或热气的管道加温方式加温，生长期间做好通风降温。

光照对百合生长至关重要，如果光照不足易造成植株生长不良并引起落芽、叶色变浅、花色不艳、瓶插寿命短等问题；光照过强会引起植株矮小、花色过艳现象。一般亚洲杂种系对光照不足最为敏感，夏秋季节覆盖遮阳网遮阳50%，以降低植株表面温度和环境温度。一般保持空气湿度为80%～85%，不要有大的波动。浇水尽量在早晨进行，以避免浇灌对温室内空气湿度的影响，空气湿度偏高时及时通风降湿。

补光。每天要保持8小时以上的光照，即使在深冬，至少要保证7小时的光照。若遇长时间阴雨或想提早开花，则需补充光照。方法是在上方2米处每25～30平方米挂加有反光装置的高压钠灯一只，从现蕾开始补光直至采收。百合性喜阳光，植株容易向温室前沿发生倾斜，可以在温室后墙张挂反光幕，防止植株倾斜。当株高达35厘米时开始张支撑网，随着植株的生长，提升网或加网。

种植后3～4周内不施肥。种植后立即灌透水一次，浇水时间应在早晨，除苗期和收花后适当控水外，生长期内株高达20厘米时，要保持土壤湿润，生长后期，有条件最好采用滴灌系统灌溉，浇水时间以上午为宜，水质pH值<7。生长期配合浇水使用配方营养液浇灌，浓度不宜过高，每10～15天一次，直至采花前3周。在老叶黄化、生长势差时，易缺氮肥，叶面喷0.3%尿素，在现蕾后至采收前2周，每15天喷0.2%～0.3%磷酸二氢钾一次，要注意氮肥施到叶面上时须用清水进行清洗。

六、采收

（一）切花采收

1.切花百合采摘指数

3～4个花蕾有1个着色，5个花蕾以上至少2个着色。夏季采摘时，可按如下所述采摘指数度（b）采切，冬季采摘时，可按指数度（c）采切。

指数度（a）：花序基部第一个花蕾已着色，但未充分显色，适合远距离运输或贮藏。

指数度（b）：花序基部第一个花蕾已充分显色，但未充分膨胀，第二个花蕾已着色，但未充分显色时，适合远距离运输或就近批发。

指数度（c）：花序基部第一个花蕾已充分显色和充分膨胀，但花瓣紧抱，第二个花蕾已充分显色，未充分膨胀时，适合近距离运输或就近批发销售。

指数度（d）：花序基部第一个花蕾已充分显色和膨胀，花蕾已现开放状态，第二个花蕾已充分显色、充分膨胀时，只能就近赶快出售。

2.采收要求

采收在10:00以前为宜，在茎秆基部切下，茎秆采切后应立即放入水中（桶内有不低于15厘米的清水）。根据不同品种，每桶分装支数为50支或75支，不能多装，防止机械损伤。采收后，要根据花蕾的数目、枝条的长度、坚硬度以及叶子与花蕾是否畸形等标准进行分级，去掉枝条基部10厘米的叶子，10支一束扎好，然后进行包装。确保切花离水时间不得超过15分钟，及时入冷库预冷或贮藏。

（二）种球采收

百合地上部分茎叶自然枯黄时即可采收种球。采收前应控制土壤水分，保持适当干燥。选择晴天采挖，采收从畦头逐行翻土或刨土挖取，防止挖伤和刨伤种株，将有损伤的种球拣出，及时清除损伤。种球一般依照围径、饱满度和病虫害来划分等级。周径小于9厘米的鳞茎不适合做种球，要培养1年后方可。亚洲百合杂种系鳞茎的规格为（厘米）：9～10，10～12，12～14，14～16；东方百合杂种系鳞茎的规格为（厘米）：12～14，14～16，16～18，18～20，20～22，22～24；麝香百合杂种系鳞茎的规格为（厘米）：10～12，12～14，14～16，16～18。

将分级后的种球用水冲洗掉泥土，清洗时应注意不得损伤种球鳞片和根系。清洗后将种球倒入多菌灵500倍液+代森锰锌500倍液的药池中消毒，对于种球根部有虫害的情况，加辛硫磷1 500倍液。一般第一批次浸泡20分钟，第二批次25分钟，第三批次加1/3药量浸泡30分钟，然后换药液进行下一轮消毒。消毒后捞出种球需阴干。

消毒后的种球分多层装箱。先用有小孔的塑料袋垫于箱内，底层泥炭（拌入多菌灵+代森锰锌）约1.5厘米厚，一层泥炭一层种球交替放存，种球之间尽量不接触，用基质隔开，表层泥炭1.5~2.0厘米厚，将塑料袋口包严实，在包口前于内侧贴标签，卡好木板即可。塑料筐侧贴一份标签，塑料袋内一份标签；标明品种、等级规格、数量、日期、生产单位、产地。等待入库。

种球入库前，要对冷库进行清扫、冲洗，并用0.5%高锰酸钾溶液均匀喷洒杀菌。冷库采用分段降温的方法，逐渐降低温度。首先温度10℃，湿度70%~80%，处理1周；然后下调温度至5℃，湿度不变，处理2周；最后温度下调至2℃，湿度不变。冷藏处理8周后，即可出库达到商品切花种植要求；如果不需马上种植，则需将温度下调到-1.5℃，可以长期冷藏保存，根据种植需要再行解冻。

第四节　蝴蝶兰设施栽培技术

蝴蝶兰性喜高温、多湿和半阴环境；不耐寒，怕干旱和强光，忌积水。宜在疏松和排水良好有树皮块、苔藓的土壤上种植。生长适温为15~20℃，冬季10℃以下就会停止生长，低于5℃容易死亡。

一、品种选择

小花蝴蝶兰：为蝴蝶兰的变种，花朵稍小。

台湾蝴蝶兰：为蝴蝶兰的变种，市场上需求较多，叶

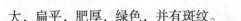

大，扁平，肥厚，绿色，并有斑纹。

斑叶蝴蝶兰：别名席勒蝴蝶兰，常见种，叶大，长圆形，长70厘米，宽14厘米，叶面有灰色和绿色斑纹，叶背紫色，花多达170多朵，花径8～9厘米，淡紫色，边缘白色。花期春、夏季。

曼氏蝴蝶兰：别名版纳蝴蝶兰，常见种，叶长30厘米，绿色，叶基部黄色，萼片和花瓣橘红色，带褐紫色横纹，唇瓣白色，3裂，侧裂片直立，先端截形，中裂片近半月形，中央先端处隆起，两侧密生乳突状毛。花期3—4月。

阿福德蝴蝶兰：叶长40厘米，叶面主脉明显，绿色，叶背面带有紫色，花白色，中央常带绿色或乳黄色。

菲律宾蝴蝶兰：花茎长约60厘米，下垂，花棕褐色，有紫褐色横斑纹。花期5—6月。

滇西蝴蝶兰：萼片和花瓣黄绿色，唇瓣紫色，基部背面隆起呈乳头状。

二、繁殖

蝴蝶兰可通过无菌播种、组织培养和分株等技术繁殖。蝴蝶兰经过人工授粉得到种子后采用无菌播种的技术可得到大批量的种苗。组织培养技术是将灭菌茎段接种相关培养基上，经试管育成幼苗，经过炼苗移栽，大约经过两年便可开花。分株是利用成熟株长出分枝或株芽，待长到有2～3条小根时，可切下单独栽种。

三、栽培基质的选择

盆栽蝴蝶兰的栽培基质要求排水和通气良好。一般多用水草、苔藓、蕨根、蛇木块、椰糠、蛭石等材料，而以苔藓或蕨根为好。用蒸煮消毒过的苔藓盆栽时，盆下部要填充煤渣、碎砖块、盆片等粗粒状的排水物。将苔藓用水浸透，用手将多余的水挤干，松散地包裹在幼苗的根部，苔藓的体积约为花盆体积的1.3倍，然后将幼苗及苔藓轻压栽入盆中，注意不可将苔藓压得过紧。

四、上盆与换盆

大规模生产蝴蝶兰主要用盆栽，透气性要好。蝴蝶兰应该栽培于透明盆器。透明盆器可确保其成长更有活力，根系会转成绿色，根系品质更好。

蝴蝶兰属多年生附生植物，栽培过程中要及时换盆。一般用苔藓栽植的蝴蝶兰每年换盆一次。换盆的最佳时期是春末夏初之间，花期刚过，新根开始生长时。

换盆时温度以20℃以上为宜，温度低的环境一定不能换盆。蝴蝶兰的小苗生长很快，一般春季种在小盆的试管苗，到夏季就要换大一号的盆，以后随着苗株的生长情况再逐渐换大一号的盆，切忌小苗直接栽在大盆中。小苗换盆时为避免伤根，不必将原植株根部的基质去掉，只需将根的周围再包上一层苔藓，栽到大一号的盆中即可。生长良好的幼苗4~6个月换一次盆。新换盆的小苗在2周内需放在荫蔽处，不能施肥，只能喷水或适当浇水。蝴蝶兰的成苗每年换一次盆，换盆时先将幼苗从盆中扣出，用镊子把根系周围的旧基质去掉，用剪刀剪去枯死老根和部分茎干，再用新基质将根均匀包起来，栽在盆中。

五、温湿度、光照管理

（一）温度管理

蝴蝶兰生产栽培中要求比较高的温度，白天25～28℃、夜温18～20℃为最适生长温度，在这种温度环境中，蝴蝶兰几乎全年都处于生长状态。在春季开花时期，温度要适当低一些，这样可使花期延长，但不能低于15℃，否则花瓣上易产生锈斑。花后夏季温度保持28～30℃，加强通风，调节室温，避免温度过高，30℃以上的高温会促使其进入休眠状态，影响将来的花芽分化。蝴蝶兰对低温特别敏感，长时间处于15℃的温度环境会停止生长，叶片发黄、生黑斑脱落，极限最低温度为10～12℃。

（二）湿度管理

蝴蝶兰需要潮湿环境，一般全年均需保持70%～80%的相对湿度。在气候干旱的时候，可采取向地面、台架、暖气洒水或向植物叶片喷水来增加室内湿度。有条件的可安装喷雾设施。当温度低于18℃时，要降低空气湿度，否则湿度太大易引发病害。

另外，蝴蝶兰喜通风良好环境，忌闷热。通风不良易引起腐烂，且生长不良。

在设施栽培中最好有专用的通风设备。可采用自然通风和强制通风两种形式。自然通风是利用温室顶部和侧面设置的通风窗通风；强制通风是在温室的一侧安装风机，另一侧装湿帘，把通风和室内降温结合起来。

（三）光照管理

喜欢庇阳和散射光的环境，春、夏、秋三季应给予良好的遮阳条件。通常用遮阳网、竹帘或苇席遮阳。当然，光线太弱也会使植株生长纤弱，易得病。开花植株适宜的光照强度为2 000～3 000勒克斯，幼苗1 000勒克斯左右。如春季阴雨天过多，晚上要用日光灯管给予适当加光，以利日后开花。一般每天调整一次植株的方向，将萌发出新芽、长势较弱的一面转到向阳面，以平衡植株长势，完善株型。

六、水肥管理

（一）水分管理

蝴蝶兰忌积水，喜通风干燥，盆内积水过多，易引起根系腐烂。一般看到盆内的栽培基质变干，盆面呈白色时再浇水。盆栽基质不同，浇水间隔时间也不大相同。通常以苔藓作栽培基质的，可以间隔数日浇水一次，而蕨根、树皮块等作基质时则每日浇水一次。还有其他因素也影响浇水，如高温时多浇水，生长旺盛时多浇水，温度降至15℃以下时要控水，冬季应适时浇水，刚换盆或新栽植株应相对保持稍干则少浇水，这样会促进新根萌发。花芽分化期需水较多，应及时浇水。晚上浇水时注意不要让叶心积水。

（二）施肥管理

蝴蝶兰生长迅速，需肥量较大，施肥原则是少量多次，薄肥勤施。春天少量施肥；开花期完全停止施肥；换盆后新根未长出之前，不能施肥；花期过后，新根和新芽开始生长时再施以液体肥料，每周一次，用"花宝"液体肥稀释2 000倍液喷洒叶面和盆栽基质中。夏季高温期可适当停施2~3次。秋末植株生长渐慢，应减少施肥。冬季停止生长时不宜施肥。营养生长期以氮肥为主，进入生殖生长期，则以磷肥为主。

七、花期管理

蝴蝶兰花芽形成主要受温度影响，短日照和及早停止施肥有助于花茎的出现。通常保持温度20℃2个月，以后将温度降至18℃以下，约经一个半月即可开花。蝴蝶兰花序较长，当花葶抽出时，要用支柱进行支撑，防止花茎折断。设立支架时要注意，不能一次性地把花茎固定好，而要分几次逐步进行。蝴蝶兰花朵的寿命较长，一般可达10天以上，整枝花的花期可达2~3个月。但对于有5片以上的健壮植株，可留下花茎下部3~4节进行缩剪，日后会从最上节抽出二次花茎，开二次花。

八、花后管理

花期一般在春节前后，观赏期可长达2~3个月。当花枯萎后，须尽早将凋谢的花剪去，这样可减少养分的消耗。如果将花茎从基部数4~5节处剪去，2~3个月后可再度开花。但这样植株养分消耗过大，不利于来年的生长。如想来年再度开出好花，最好将花茎从基部剪下，当基质老化时，应适时更换，否则透气性变差，会引起根系腐烂，使植株生长减弱甚至死亡。当蝴蝶兰有很多根系长在盆外时，或盆内基质变黑腐烂时，就要考虑换盆了。

一般在新叶生长出的5月换盆为宜。换盆时，将蝴蝶兰小心地脱出盆体，去掉全部旧的基质；修理根系，剪除枯根烂根、断根瘪根，如兰株基部太高，即根桩过长，可剪除一部分；然后将水苔垫在根部，用湿苔藓（湿苔藓，即把干苔藓浸入水中湿透，取出挤干水分即成）将根系四周紧紧包住；盆底用较大的泡沫塑料垫底，把包好苔藓的兰株装入盆中，沿盆四周把苔藓塞紧，使兰株不摇动即可，放于阴处，不浇水，直至苔藓干透。平时喷雾即可。

九、病虫害防治

蝴蝶兰对病虫害的抵抗力较弱，经常会发生叶斑病和软腐病等，可采用农药40%百菌清800～1 000倍液喷洒，每隔7～8天喷1次，连续3次，有良好的防治效果。温度高时容易出现介壳虫，可用手或棉棒将虫除掉，并定期喷洒马拉硫磷乳剂。对蛞蝓，可放置四聚乙醛药剂触杀，或在晚上等蛞蝓出来活动时人工捕捉。对于蚜虫、白粉虱、叶蝉、斑潜蝇等害虫，可采用放置绿色、环保、无公害的黄色诱虫板诱杀。

第七章　果树设施栽培技术

第一节　葡萄设施栽培技术

葡萄为葡萄科葡萄属木质藤本植物，小枝圆柱形，有纵棱纹，无毛或被稀疏柔毛，叶卵圆形，圆锥花序密集或疏散，基部分枝发达，果实球形或椭圆形，花期4—5月，果期8—9月。葡萄作为著名水果，可生食，也可制葡萄干。我国各个地区因所处地理位置不同，葡萄栽培目的不一样，所采用的设施也不同。

一、葡萄设施促成栽培技术

促成栽培是指早春覆膜保温，后期保留顶膜避雨，即"早期促成、后期避雨"的栽培模式。这是目前应用最广泛的一种栽培类型，适用于早中熟葡萄品种及巨峰系葡萄的优质栽培。

（一）品种选择

设施葡萄主要选结果能力强、易成花、耐低温、耐弱光、果粒大、整齐度高、穗形美观、色泽艳丽、果肉品质好、香味浓郁、综合品质优良、丰产、耐贮运、需冷量低、抗逆性强的品种进行栽培。

目前，葡萄促成栽培品种有碧香无核、世纪无核、东方黑珍珠无核、维纳斯无核、夏黑、早黑宝、京翠、京香玉、京秀、京亚、京玉、早巨选、87-1、8612、无核白鸡心、寒香蜜、维多利亚、凤凰51、黑奥林、里扎马特、矢福罗莎、普列文玫瑰等。

（二）苗木准备

设施葡萄栽植苗木，一般要求一年生苗或二年生苗，苗木要求达到以下标准：根系生长良好，分布均匀，完整，伤根少，长度大于15厘米的粗根在4条以上；地上部应有15~20厘米充分成熟的一年生枝段，剪口部位的直径不小于0.6厘米，有5个以上的饱满芽。

（三）建园技术

1.园地选择

设施栽培园地土壤质地良好，土层厚，微酸至中性土壤，东、南、西三面无高大树木、建筑物遮挡，避风向阳，保温条件好，能够满足当地葡萄上市要求。

2.栽植模式

多年一栽制，即一次定植后连续多年进行葡萄生产。这种方式节省苗木和用工，栽培管理好的条件下可连续多年保持丰产、稳产。多年一栽制既可用于日光温室栽培，又可用于塑料大棚栽植。这种栽培方式的缺点是如果管理不当，葡萄容易早衰，芽眼成熟不好，春天萌芽率低，萌芽整齐度差，果穗小而松，大小粒严重，不能达到商品生产的要求。

3. 葡萄栽植

1）栽植时期

以当地地表20厘米处土温达10℃以上，且晚霜刚结束时定植为最佳栽植时期。在北方各地，一般在3月底至4月上旬进行定植。

2）栽植密度

多年一栽制采用单臂篱架，株距一般为1.0～1.5米，行距为1.5～2.0米。东西行小棚架单蔓整枝的株距为1.0米；双蔓整枝的株距为1.5～2.0米，行距为3.0～4.0米。

3）挖掘定植沟

定植沟深度50～70厘米，宽60～80厘米。挖掘时应将表土和底土分别堆放在定植沟的两侧，挖好后在沟底先填入10～15厘米的碎草、秸秆，然后按每亩施入充分腐熟的有机肥3 000～5 000千克，每50千克有机肥可以混入1.0千克的过磷酸钙作底肥；肥料与表土混匀后回填沟下部，底土与肥料混匀后回填沟中上部，最上部只回填表土以免苗木根系与较高浓度的肥土直接接触，多余底土用于做定植沟的畦埂，然后灌水沉实备栽。

4）苗木处理

将已选好的葡萄苗，从假植沟中取出进行检查，剔除具有干枯根群、枝芽发霉变黑或根上长有白色菌丝体的苗木。然后将选出的好苗放入清水中浸泡12～24小时，中间应换一次水。栽前对苗木根系和枝蔓进行适当修剪，把过长的根系适当剪除一部分，尽可能多保留根系，枝蔓要保留5节。根系最好蘸泥浆。苗木的地上部要用5波美度石硫合剂浸蘸消毒。

5）苗木栽植

苗木准备好后，按株距在回填的定植沟中挖栽植穴，深度为30～40厘米，直径为25～30厘米。将苗木放入栽植穴内，使其根系充分舒展，逐层培土踩实，并随时把苗轻轻向上提动，使根系与土壤密接，最后用底土在苗木周围筑起土埂，立即灌水，待水渗下后，铺一层干土，并于第二天铺膜，以减少土壤水分的蒸发，还可以提高地温，促进苗木成活。

（四）幼树管理

1. 确定树形

从定植苗抽生的新梢中，按照单臂水平形整形，选留1个主蔓加速培养，长至0.8～1米时要进行摘心，多余的新梢留4～5叶摘心，为植株根系提供有机营养。以后再萌发出2次梢，保留1～2片叶摘心，促使下部芽发育饱满。同时要及时埋支柱，拉铁丝，引缚新梢上架生长。

2. 肥水管理

定植葡萄萌芽后应经常灌小水，新根长出后可追施氮肥（每株25～50克），同时灌水，可以加速苗木生长。当新梢长达35厘米以上时，在苗旁立竿绑梢，加强顶端优势，促进苗木快速生长。7月后追磷、钾肥，每隔7～10天连续喷施0.3%的磷酸二氢钾溶液，促进枝芽成熟。

3. 整形修剪

葡萄主蔓生长期间，选留1个强壮主蔓培养，在主蔓长到80～100厘米时摘心，摘心后萌发的副梢，保留顶端2个副梢继续生长，每隔3～4片叶反复摘心，其余副梢可留1叶"绝后摘心"。促进主梢上冬芽充实或分化为花芽。

第一年冬剪时，主蔓一般剪留0.8～1.0米，剪口枝粗直径1厘米左右。副梢结果母枝一般疏除，促进主蔓冬芽萌发。

（五）扣棚前打破休眠处理

1.扣棚时间

设施葡萄扣棚覆膜时间应在满足需冷量、完成自然休眠后进行。如果休眠不足，提前覆膜升温，则会出现萌芽、开花不整齐等情况，影响产量和质量。如果扣棚过晚则达不到提早成熟、增加效益的栽培目的。日光温室在12月中下旬扣膜，而塑料大棚则在1月中下旬扣棚。

2.打破休眠处理

1）低温调控。

当深秋季节（11月中旬）平均温度低于10℃时，一般在7～8℃的时候开始扣膜上帘，白天不见光，夜间通风降温，使棚室温度调控在7.2℃以下。按照这种方法集中处理20～30天，就能顺利通过自然休眠。可逐步升温，白天先揭起1/3草帘，5天后揭起2/3草帘，再过5天后可全部揭帘。

2）涂抹石灰氮。

在自然休眠尚未结束的12月或1月初开始加温，必须采取解除休眠的措施，涂抹石灰氮可提早解除休眠，应在升温前15～30天进行为好。使用方法：取1千克石灰氮加入5千克40～50℃的温水中不停地搅拌，浸泡2小时以上使其呈均匀糊状，再加入适量展着剂，然后用小毛刷蘸取均匀涂抹在结果枝上部和两侧芽眼处，涂抹长度为枝蔓的2/3，将涂抹后的枝蔓顺行贴到地面并盖塑料薄膜保湿3～5天。葡萄提早发芽15天左右，且发芽整齐，促进果实提早上市。

（六）扣棚后管理

1.萌芽期

1）温室内温度的管理

温室开始缓慢升温，使气温和地温协调一致，促进花序发育。8:00左右揭开草苫，使室内见光升温，16:00左右再覆盖草苫保温。升温第一周每隔2个揭1个，保持白天13~15℃、夜间6~8℃；第二周白天15~20℃、夜间7~10℃；第三周至萌芽白天20~25℃、夜间10~15℃。从升温至萌芽一般控制在25~30天。

2）水分管理

葡萄萌芽期要求高温多湿的环境，需水量多，土壤含水量达70%~80%，所以在升温催芽开始时，要灌一次透水，待水下渗后，及时松土，铺地膜保水，并提高地温，此时棚内空气相对湿度保持在80%~90%。萌芽后，新梢开始生长期间，为了防止徒长，利于开花坐果和花芽分化，应适当控制灌水，并注意通风，降低空气相对湿度至50%~60%，特别是新梢展开5~6片叶时，一定要保持室内空气干燥，土壤含水量适宜，灌水时间应在10:00—12:00进行，防止地温下降。

3）树体管理。

萌芽前应按架式及整形要求对主蔓进行上架、抹芽、定枝、绑蔓工作。设施栽培与露地相比，温度高、湿度大、通风差、光照不足，一般表现为组织嫩、新梢节间长，具有徒长的树相。因此，应早抹芽、早定枝。当新梢生长能够辨认出果穗时，立即进行定枝，以节省营养，同时，还可保证架面的通风透光条件。设施栽培每平方米架面留12~14个新梢为宜。

2. 开花期

1）温室内温度的管理

萌芽到开花这一时期葡萄新梢生长迅速，同时花器继续分化。为使新梢生长苗壮，不徒长，花器分化充分，此期要实行控温管理，防止温度过高，白天保持在20～25℃，夜间以15～20℃为宜，进入开花期前后，温度应稍微提高，白天控制在25～28℃，夜间18～22℃，以满足开花、坐果对温度的需要，有利于授粉受精，提高坐果率。

2）水分管理

设施栽培条件下如果空气湿度过高，使棚膜上凝结大量水滴，既影响光合作用，也诱发多种病害。花期空气湿度过高或过低都不利于开花、传粉和受精。新梢生长期要求空气相对湿度60%左右，土壤相对湿度60%～80%为宜。花期要求空气相对湿度50%左右，土壤相对湿度60%～70%为宜。

3）树体管理

（1）花序及掐穗尖。为了节省营养，应在花序露出后至开花前1周尽早疏除多余的花序。一般1个结果新梢留1个花序，生长势弱的不留，强壮枝可留2个花序，产量应控制在1 500千克左右。由于花穗的各部分营养条件不同，一般花穗尖端和副穗营养较差，坐果率低，品质差，成熟较晚，造成穗形差，果粒大小和成熟度不一致。因此，结合新梢花前摘心，可进行掐穗尖，掐去穗尖的1/5～1/4和疏去副穗。对于落花落果较重的品种，如巨峰、玫瑰香等，应疏去所有副穗和1/3左右的穗尖，每穗保留14个左右的小分枝，花序外形呈圆锥状。

（2）硼及调节剂。在即将开花或开花时，对叶片和花序喷布0.2%硼砂水溶液，可提高坐果率30%~60%。盛花期用浓度为25~40毫克/千克的赤霉素溶液浸蘸花序或喷雾，不仅可以提高坐果率，而且可以促进浆果提早15天左右成熟。在初花期喷布100~150倍液的助壮素，可使巨峰葡萄的坐果率提高30%~50%。

（3）环剥。在初花期对主蔓基部进行环剥能显著提高坐果率，使果穗粒数提高22.43%~30.75%。环剥宽度不超过茎粗的1/10，一般为0.3~0.4厘米。

3. 结果期

1）温室内温度的管理

此期要实行控温管理，防止温度过高。果实膨大期，为促进幼果迅速膨大，棚内白天温度适当提高，以28~30℃为宜，夜间18~22℃，此时，棚外气温有所回升，棚内温度上升较快，特别注意白天超温现象，若白天温度高于30℃时，及时通风降温，防止温度过高，易造成日灼现象。进入浆果成熟期，为增加树体的营养积累，提高葡萄糖分，可加大昼夜温差（达10℃以上），因此白天应控制在28~30℃，最高不超过32℃，夜间温度为15~16℃。当外界露地气温稳定在20℃以上时，应及时揭去覆盖的薄膜塑料，使葡萄在露地气温下自然发育。

2）光照

葡萄是喜光植物，对光的反应很敏感，光照充足时，枝叶生长健壮，树体的生理活动增强，营养状况改善，果实产量和品质提高，色香味增进。光照不足时，枝条变细，节间增长，表现徒长，叶片变黄、变薄，光合效率低，果实着色差或不着色，品质变劣。而光照强度弱，光照时数短，光照分布不

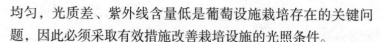

均匀，光质差、紫外线含量低是葡萄设施栽培存在的关键问题，因此必须采取有效措施改善栽培设施的光照条件。

3）水肥管理

果实膨大期需水量大，为促进果粒迅速增大，在谢花后25天，可灌1～2次透水，使土壤含水量达70%～80%，棚内空气相对湿度控制在70%左右；果实着色期开始直至采收期以前，要停止灌水，以利于提高果实的含糖量，促进着色和成熟，防止裂果，棚内空气相对湿度50%～60%，土壤相对湿度60%左右为宜。

坐稳果后，为促进果粒膨大，每株可追施磷肥100克左右。浆果开始着色时，及时追施速效性磷、钾肥1～2次，亦可每隔10天左右叶面喷布0.3%的磷酸二氢钾溶液2～3次。

4）树体管理

（1）果实管理。谢花后15～20天，根据坐果的情况及早疏去部分过密果、单性果、小果和畸形果粒，保留大小均匀一致的果粒，并限制果粒数。一般大型穗可留90～100粒果，穗重500～600克；中型穗可留60～80粒，穗重400～500克。巨峰每穗可留30～50粒，穗重350～500克；藤稔等可控制在每穗25～30粒，穗重400～500克，以利果穗的整齐美观，符合高档商品果的要求。

果穗套袋是提高鲜食葡萄外观品质的重要措施，可以防止发生病虫和鸟类危害以及农药和尘埃污染，减少喷药次数。套袋宜在葡萄疏果粒后进行，套前应喷布一遍杀菌剂，袋口一定要扎严。有色品种应在成熟前10～15天去袋，摘袋以10:00—12:00和14:00—16:00为好，尽量避开12:00—14:00的高温期，以促进着色和防止日光灼害。如有鸟害可只撕去纸袋的下半部。对透光度好的纸袋和塑膜袋以及可在袋内着色良好的红色和黄色品种，不需要提前去袋。

摘叶转果。从果实着色期开始，在疏除部分徒长枝、密集枝和梢头枝的基础上，于摘袋后3～5天要及时摘叶。葡萄开始着色时，摘除枝条基部老叶，将靠近果实的叶片摘除，以利于果穗接受阳光，但叶片不能摘除过多，以免造成光合产物不足。果穗阳面基本着色后，要及时将果穗背阴面转向阳面，并用透明胶带牵引固定，使果穗全面着色。喷叶面肥料一次，隔1周后再喷一次，可促进葡萄着色。

铺反光膜。在果穗着色期于地面铺银色反光膜，可显著提高树冠内部光照强度，特别是增加树冠中、下部的光照，对促进果穗含糖量有显著效果。铺反光膜的时间为果穗着色期（果收前30～40天），铺膜位置可在地面行间和设施后墙面悬挂。反光膜不能拉得太紧，以免因气温降低反光膜冷缩而造成撕裂，影响反光膜的效果和使用寿命。采果前将反光膜收起，洗净后翌年可再用。

（2）新梢管理。因大棚葡萄种植密度大，新梢生长迅速，当新梢长至40厘米时，及时按整形要求引缚到架面上，使架面通透性好，利于植株生长良好，切忌放任新梢自由延伸，易使新梢密集，叶片功能下降，植株病害加重。结果新梢一般在花序以上5～7片叶摘心，以提高坐果率，对于落花落果较重的欧美品种，可采取强摘心，在花序以上4～6片叶摘心，同时掐卷须，摘心后，在新梢顶端留一副梢，对其留2～3叶反复摘心，其余副梢全部抹除。

（七）病虫害防治

设施葡萄的主要病害是葡萄白粉病、灰霉病、霜霉病、黑痘病等，主要害虫有蓟马、虎蛾、蚜虫、介壳虫等。

葡萄设施栽培中，覆膜后防治病虫害时，对农药浓度应特别注意，宜低不宜高。萌芽前喷3～5波美度石硫合剂，铲除植株上病菌；发芽至花序分离期喷10%氯氰菊酯1 500倍液加0.5%的KH_2PO_4防治蓟马及增加植株营养；花前后喷70%代森锰锌800倍液，50%异菌脲可湿粉性粉剂1 500倍液，50%腐霉利可湿性粉剂800倍液，65%甲霜灵可湿性粉剂800倍液等防治黑痘病、霜霉病、灰霉病；果穗生长期要喷2次1∶0.5∶200波尔多液；采收前半月喷12.5%烯唑醇2 500倍液加0.5%的磷酸二氢钾。另外，罩防虫网，既可防虫，也可防鸟。

（八）采收与包装

设施栽培的葡萄主要用于鲜食，因此，采收时期不能过早，必须达到该品种固有的色泽和风味完全成熟时才能采收。如果鲜食葡萄需长途运输外销，按照运距和市场需求，只要糖酸比合适，果实具备了该品种良好的风味，可以适当早采，有利于运输和提高效益。

采收时应选择晴天早晨或傍晚进行。用采果剪或剪枝剪，一手托住果穗，一手用剪子将果梗基部剪下。为了便于包装，对果穗梗一般剪留4厘米左右，既有利于提放，又比较美观。剪下的果穗轻轻放入果筐内，注意在采收过程中要轻拿轻放，防止磨掉果粉，擦伤果皮。包装前对果穗再进行一次整理，去掉病果、虫果、日灼果、小粒、青粒、小副穗等。

设施栽培生产的葡萄属高档果品，通过包装更能增加商品外观和档次，提高商品吸引力和市场竞争力。同时，美观而实用的包装容器能使果品在贮运过程中减少损伤，并能提高果品的商品价值，便于搬运及携带。目前，国内外大多实行盒式小包装，再行装箱。一般用印有精美图案和商标的小纸盒或软质透明塑料盒，分1千克、2千克、4千克等不同重量规格包装。纸盒有提手，内衬无毒薄膜袋，葡萄装入袋内，扣好纸盒，再放入各种包装箱内封盖外运。常用包装材料有木箱、硬纸箱、塑料箱、泡沫塑料箱、塑料袋等。

二、葡萄根域限制栽培技术

根域限制栽培是指利用物理或生态的方式将果树根系控制在一定的容积内，通过控制根系生长来调节地上部的营养生长和生殖生长的一种新型栽培技术。根域限制栽培技术是近年来果树栽培技术领域一项突破传统栽培理论、应用前景广阔的前瞻性新技术。

（一）根域限制栽培的模式

目前常见的根域限制栽培模式有4种。

1. 垄式

在地面铺垫塑料膜，在上面堆积营养土成垄，将葡萄种植在其中。生长季节在垄的表面覆盖黑色或银灰色塑料膜，保持垄内土壤水分和温度的稳定。垄的规格因栽培密度而不同，一般行距8米时，其垄的规格应为上宽100厘米、下宽140厘米、高50厘米。垄式限根栽培的优点是操作简单，但根域土壤水分变化比较大，生长容易衰弱，必须配备良好的滴灌系统；而且垄式栽培时根系全部在地面以上，冬季容易出现冻根现象，在

北方产区应当慎用。

2. 沟槽式

采用沟槽式进行限根。挖深50厘米、宽100厘米的定植沟，有积涝风险的地区还需要在沟底再挖宽、深各为15厘米的排水暗渠。

用厚塑料膜（温室大棚用）铺垫定植沟、排水暗渠的底部与沟壁，排水暗渠内填充毛竹、硬枝、河沙与砾石（有条件时可用渗水管代替），并和两侧的主排水沟连通，保证积水能及时排出。

3. 垄槽结合式

将根域一部分置于沟槽内，一部分以垄的方式置于地上。一般以沟槽深度30厘米、垄高30厘米为宜。沟垄规格因行距而不同，一般行距8米时，沟宽100厘米，垄的下宽100厘米、上宽60~80厘米。垄槽结合模式既有沟槽式的根域水分稳定、生长中庸、果实品质好的优点，又有垄式操作简单、排水良好的好处，还能在很大程度上减少冬季冻根的风险。

4. 坑穴式

在地面以下挖出一定容积的坑，在坑内放置控根器，控根器下部用园艺地布做底，内填营养土后栽植葡萄苗。根域的容积以树冠投影面积计算，根域厚度以40~50厘米为宜。

（二）种植土壤要求

根域限制栽培模式下，根系分布范围被严格控制在树冠投影面积的1/5左右，深度也被限制在50厘米左右的范围。因而，必须提供良好的土壤环境，可提高根域土壤有机质含量到20%以上、含氮量提高到2%以上，一般用优质有机肥与6~8

倍量的熟土混合即可。

（三）水肥管理

根域限制栽培是将葡萄栽培在超高有机质的土壤中，以此保证根系生长质量和呼吸质量，它和常规栽培的肥水管理完全不同。常规栽培将肥料施入土壤中，利用土壤的缓冲，肥料才被根系吸收，而根域限制栽培是肥料直接接触根系，将根系限制在一定区域中，促发大量吸收根，提高肥料吸收利用率；正是因为肥料直接接触根系，所以必须要采取肥水一体化的供应，要限定肥液浓度，以免浓度过高而伤根，同时还要限定肥液中重金属等有害物质的含量；这种栽培技术前期基部不需要施肥，在栽培3~4年后，适当扩盘，同时供应强化水溶性有机肥即可。

根域限制栽培模式下，葡萄的整形修剪、花果管理以及病虫害防治技术可参考葡萄设施促成栽培技术，这里不再重复介绍。

第二节 草莓设施栽培技术

草莓是蔷薇科草莓属多年生草本植物。草莓根系较浅，喜冷凉环境，耐寒、不耐高温。生长适温为15~25℃。温度超过30℃时要注意遮阳，高于35℃草莓就会生长不良，引起病害。低于0℃就会出现冻伤。草莓喜保水能力强、透水通气性良好、富含有机质的微酸性砂壤土。

一、设施草莓土壤栽培技术

（一）品种选择

进行设施促成栽培的草莓品种要求休眠期短、花芽分化早、耐寒、对低温不敏感、不易矮化、花粉多而健全、果个大而整齐、产量高、口感好的早熟品种。同时考虑市场需求、栽培地区气候条件和生态环境，目前设施栽培的优良品种有丰香、雪蜜、佐贺清香、日本99、甜查理、宝交、章姬等。

（二）培育壮苗

选择未栽植过草莓和瓜类、茄果类蔬菜有机质含量高、土质疏松、透气、肥沃、排灌方便的砂壤土地做苗圃。每亩土地施优质圈肥或畜禽粪2 500～3 000千克，耕翻、耙细，后整成宽1.5米、长25～30米的平畦。选择健壮、无病虫害的优质植株（最好使用脱毒苗），去掉老叶残叶，于4月下旬至5月上中旬带土定植于苗圃中。每畦正中栽植一行，株距0.5米。栽后结合浇水每株浇灌天达2116和噁霉灵，可防土传病害发生，促苗健壮、根系发达、抗灾性能强。定植以后注意小水勤灌，做到见干见湿，及时锄地松土。严禁大水漫灌，防止秧苗徒长。如果植株生长偏弱可结合灌水撒氮磷钾复合肥20千克/亩。

母株与匍匐茎管理：栽植后如果母株上出现花蕾需及时摘除，减少营养消耗，促进多发匍匐茎和形成健壮子株。为了使所发子株坐落均匀，需对匍匐茎进行定位，用细树条弯成"U"形扎入土内固定子株，使子株间距保持12～15厘米。每株母株可保留5～10个匍匐茎，在匍匐茎长出2～3株苗时摘心，促苗健壮。过密的子株要及时摘除，株丛间要通风透光，以便培育健壮的子株。

断根去叶促花芽分化：在7月底至8月初光照强、温度高时，用黑色遮阳网在1.5米高处的平面上，遮住草莓苗，以满足草莓花芽分化所需的短日照和低温条件。草莓进入花芽分化时期，此时期对秧苗进行断根和去叶处理，可以明显促进花芽分化的进程。断根需在雨后或浇水后进行，用切刀在离植株根部周围5厘米远处，深切一周，切口入土壤深度10厘米左右，切后轻轻摇动刀柄把切口加宽即可。断根的同时要摘除草莓植株基部的老叶，每株只保留3～4片叶。

（三）土壤管理

棚室先利用太阳能或药物消毒清除杂草、消灭地下害虫。

一般在8月中下旬定植。栽前1周整地，每亩施优质农家肥3 000～4 000千克、饼肥100千克、复合肥50千克，深翻25厘米后整平耙细，采用深沟窄畦，每畦（含沟）宽90厘米左右，沟宽40厘米，沟深30厘米，畦面保持50厘米。畦面做成龟背形，防止畦面积水。

（四）定植

棚室促成栽培草莓的定植时期为8月底至9月中旬，采用单畦双行三角形种植，行距25厘米，株距15～18厘米，亩栽8 000～10 000株。尽量在阴雨天或晴天16:00以后带土移栽，注意定向种植，将草莓苗根的弓背部朝向畦沟，便于果穗落到畦的两侧，利于受光和采收。栽苗深浅适宜，做到"上不埋心，下不露根"，栽后连续浇小水，直到成活为止。

（五）适时保温，调节湿度

草莓棚室促成栽培，从定植到覆膜是植株营养生长旺盛期，主要管理措施是浇水、摘叶、中耕除草。当夜间气温降到8℃左右时，开始盖棚膜保温，一般在10月20日前后。盖膜不宜过晚，当夜间气温降到5℃以下后，草莓进入休眠。扣棚膜保温后10天，浇一次透水，将病叶、老叶、枯叶清理干净，然后覆盖地膜，选用黑色地膜，可以提高地温，降低棚内湿度，防止杂草生长。覆地膜过早，地温迅速上升，容易伤害根系，也影响第二、第三腋花芽继续分化。覆地膜时，两头搂紧，紧贴地面铺平，纵向不能拉成皱褶，以免存水。盖地膜前最好在畦中间放上滴灌管，进行滴灌，减少棚内湿度。

草莓生长发育各时期对气温有不同的要求，棚室增温后应尽可能予以满足。

草莓设施栽培温湿度的调节主要靠放风。展叶、吐蕾期，温度适当高些，有利于开花和蜜蜂授粉。果实膨大期降低昼夜温度，利于果实膨大，温度过高，果实不易膨大，未等果实充分膨大时，果实即着色变红。成熟期温度低些，有利于营养积累，改善果实品质。湿度一般保持在空气相对湿度70%~80%为宜，开花期湿度要小一些，一般60%为宜。但要注意避免使地面和空气湿度过大。温室内湿度大、温度高时，易感染灰霉病、白粉病等。

（六）肥水管理

设施草莓促成栽培要多次追肥，才能满足植株和果实对营养的需求。一般定植苗长到4片真叶时，每亩追尿素7.5千克或磷酸二铵20千克，追肥后及时浇水和中耕。10月中下旬至11月上旬扣棚覆地膜前结合浇水亩施硫酸钾复合肥10千克。保温后在果实膨大期（果实长到小拇指大小）、顶果采收初期各追肥一次，每亩每次施氮磷钾复合肥10千克。第一次采收高峰后，每30天追肥一次，恢复长势，防止植株早衰。

二氧化碳气肥是光合作用合成碳水化合物的重要原料。冬季棚内二氧化碳浓度经常低于大气，增施二氧化碳能促进生育转旺，成熟期提前1~2周，并能提高产量，改善果实品质。目前生产上大多采用反应法提供二氧化碳，利用碳酸氢铵和硫酸，通过二氧化碳发生器，产生二氧化碳直接释放到大棚内。

草莓定植后，缓苗期间浇水较多，促进秧苗成活，成活后，土壤表土发干即浇水。覆地膜前追肥浇水。扣棚后至开春一般不追肥不浇水，干旱时浇水最好采用膜下滴灌，以降低室内空气湿度。开花期控制浇水，果实坐住到成熟要及时浇水，保持土壤湿润。采收前要控制浇水。冬季温度较低，浇水要控制水量，忌大水漫灌，使棚内湿度过高，诱发灰霉病、白粉病流行。

（七）植株管理

草莓定植15天后植株地上部开始生长，心叶发出并展开，此时应将最下部发生的腋芽及刚发生的匍匐茎及枯叶、黄叶摘除，但至少保留5~6片健叶。生长旺盛时会发生较多的侧芽，浪费养分，影响草莓开花结果，应及时摘除。衰老叶制造光合产物少，而呼吸消耗大，对草莓生长和浆果发育不利，匍匐茎的无谓发生也消耗母体营养。因此，结果期对下部衰老叶要及时摘除，植株基部的叶片由于光合能力减弱也应摘除，每株保持4~6片功能叶，并及早去除匍匐茎。另外，在开花前后疏除一定的高级次花果，不仅可降低畸形果率，也有利于集中养分供应低级次花果发育，使果个增大，提高整齐度。

草莓促成栽培中，喷洒赤霉素可以防止植株进入休眠，促使花梗和叶柄伸长生长，增大叶面积，促进花芽分化和发育。赤霉素处理时间，一般在扣棚后7~10天（天气晴好情况下），喷施5~10毫克/千克的赤霉素，如果喷施后植株生长状况尚未得到明显改善，可在显蕾期再喷施一次。喷时重点喷到植株心叶部位，用量不宜过大，否则导致植株徒长、坐果率下降和后期植株早衰。

（八）辅助授粉

冬季棚室环境条件差，气温低、湿度大、昆虫少、日照短，不利于草莓开花及授粉受精，产生大量的畸形果，影响产量和品种。通过辅助授粉可增大果实体积，提高产量，使果形整齐一致。目前，草莓设施栽培人工放蜂可以促进草莓授粉受精，减少畸形果，提高坐果率，明显提高产量。一般每栋大棚可放蜜蜂一个蜂箱，放养时间在草莓开花前5~6天提早进行，以使蜜蜂在开花前能充分适应大棚内的环境，直至翌年3月。如棚内病虫害发生严重必须喷药或烟熏时，要把蜂箱底部蜜蜂出入口关好。蜜蜂在大棚内花量少时需人工喂养。

（九）适时采收

由于草莓的一个果穗中各级序果成熟期不同，因此必须分期采收。草莓促成栽培冬季和早春温度低，要在果实八九成成熟时采收。采收时间最好在晴天进行，避免在气温高的中午采收，以清晨露水干后至午间高温来到之前或傍晚转凉后采收为宜。草莓果实的果皮非常薄，果肉柔嫩，所以采摘时要轻摘、轻拿、轻放，同时注意不要损伤花萼。为了保证草莓的质量、提高草莓商品价值，要分级盛放，同时搞好包装工作。

（十）病虫害综合防治

草莓栽培病害主要为白粉病、灰霉病、炭疽病、叶斑病等。大棚土壤栽培中，在病害防治上，实行4年以上的轮作；冬季清园，烧毁病叶，及时摘除地面上的老叶及病叶病果，并集中深埋；采用高畦或起垄栽培，尽可能覆盖地膜；土壤消毒；药剂防病避免在开花期喷药，以免造成过多的畸形果。药剂防治选70%甲基硫菌灵1 000倍液，或25%三唑酮可湿性粉剂3 000~5 000倍液，50%腐霉利可湿性粉剂800倍液，或花前喷65%代森锌可湿性粉剂500倍液，或50%异菌脲1 000倍液，交替使用，以防产生抗性。

草莓常见虫害有蚜虫、白粉虱、螨类等，要及时摘除病老残叶；在放风口处设防虫网阻隔；挂银灰色地膜条驱避蚜虫。防治蚜虫，可用10%吡虫啉可湿性粉剂1 500~2 000倍液，或50%抗蚜威可湿性粉剂2 000倍液喷1~2次；防治白粉虱，可用25%噻嗪酮可湿性粉剂2 500倍液，或2.5%氯氟氰菊酯乳油3 000~10 000倍液；防治螨类，可用100亿孢子/毫升球孢白僵菌500~1 000倍液喷2次，间隔7天左右喷一次。

二、设施草莓无土栽培技术

近年来，我国草莓设施栽培发展迅速，但传统的大棚土壤栽培方法劳动强度大，且土传病害（如炭疽病、叶枯病、黄萎病等）、连作障碍（常表现为植株衰弱、根系老化、果实变小）等问题已成为制约大棚草莓进一步发展的重要因素。无土栽培是克服土壤连作障碍、降低劳动强度较为有效的一种生产方式，在国内外已被广泛应用于草莓生产。

（一）园地选择

农业观光草莓园必须建在离城区较近、交通方便、配套设施完善的地方。为防止环境污染影响草莓的品质，基地选择远离工厂的地方。为方便销售，还应同时选择交通便利，以城市近郊连片种植为宜，适合既休闲又干净和无污染的地方种植。

（二）设施建造

可选智能温室大棚和连栋大棚，由于采取立体栽培模式，智能温室大棚和连栋大棚的高度都能满足要求。大棚南北走向，棚内建立体草莓种植架及配套草莓种植槽。

1.智能温室

智能温室属高端设施栽培，可建玻璃温室，也可建PC板智能温室，配套设施有内外遮阳系统、通风系统、风机水帘降温系统、喷灌系统、配电及电动控制系统等。

2.连栋大棚

连栋大棚多采用PC板薄膜建造，四周立面采用优质阳光板，顶部采用优质无滴膜覆盖，采用顶开窗或侧开窗，设遮阳系统和电控系统等。

（三）基质准备

采用基质栽培，可以不受土壤条件限制，能够多年大棚种植，并克服土传病害的影响，生产的草莓可以保持上等品质。基质栽培是现代农业发展的必然趋势，草莓的根系固定在有机或无机基质中，基肥可直接拌入基质中，可通过滴灌或撒施固体肥料于基质中进行追肥。常用的无机基质有蛭石、珍珠岩、岩棉、沙、陶粒、炉渣等。有机基质就地取材，有泥炭、稻壳炭、锯木屑、堆沤肥等。不同栽培基质对草莓无土栽培生长和结果有很大影响，根据有关研究资料，适宜草莓生长的基质配比有草炭土：珍珠岩：蛭石体积比=4：1：1，腐熟的鸡粪：腐熟的牛粪：细土=1：1：1，牛粪：鸡粪：谷壳=5：1：4，或羊粪：鸡粪：谷壳=4：1：5。总之，应选择来源简单、价格低廉、环保、适合草莓生长的基质配方。

（四）苗木定植

定植时间以9月上中旬为宜。定植密度根据品种、苗木生长势确定。一般行距30厘米以上，株距20厘米以上，每亩定植5 000～9 000株。定植前需做到：①要对种苗大小进行分级筛选，保证每亩定植的种苗大小一致；②要摘除种苗上的老叶、病叶及匍匐茎；③要注意定向定植，将草莓苗弓背弯朝外，倾斜栽植。栽培时要掌握"深不埋心、浅不露根"的原则。定植后保持基质湿润，并及时检查生长情况，对露根苗等不合格苗应重新种好，缺苗的要及时补种。

（五）肥水管理

草莓栽培的过程中需要严格把控施肥环节，因为施肥不仅会对草莓的果实品质造成影响，同时还会对草莓自身的生长造成影响。在草莓的花芽分化期和开花期，应注意加强草莓植株的肥水管理，尤其是科学合理调整好氮肥的施入，适时掌握草莓的移栽时期，可以有效防控或避免发生草莓雌雄不健全花。

定植后及时浇水，保证草莓苗成活。移栽后7天内保持基质湿润，基质干后在上午及时浇水，浇水以湿而不涝、干而不旱为原则，小水勤浇。为提高产量，在第一花序果实膨大期、第一次采收后、侧花序果实膨大期和侧花序果实采收高峰每亩分别施硫酸钾复合肥3～4千克，同时配合施用磷酸二氢钾等叶面肥，以避免草莓口感酸化，提高草莓品质。

（六）植株管理

草莓生长过程中要及时摘除病叶、老叶及枯叶，同时去除刚抽出的腋芽和匍匐茎，防止消耗植株养分，以提高结果率和果重。此外，要及时去除结果后的花序，促进植株抽出新花序。

在顶花序开花时保留主茎两侧的1～2个健壮侧芽，其余弱小侧芽和匍匐茎应及早摘除。同时在结果期根据留芽数每个芽留4～5片绿叶，每株保留10～15片绿叶，要经常摘除衰老的叶片。

（七）花果管理

1. 疏花疏果

做好疏花疏果，确保草莓品质提高。对于草莓的高级次花要及时摘除，对于病果、白果、小果、畸形果及时进行观察并及早疏除，保证草莓果实的正常生长发育，如此可以大大提升草莓果的质量，减少畸形果的发生。在花蕾分离至第一朵花开放期间，根据限定的留果量，将高级次的花蕾适量疏除。一般第一个花序保留10～12个花，第二个以下花序保留6～7个花，将多余低级次小花疏去。疏果是指在幼果青色的时期，及时疏去畸形果、病虫果，一般第一个花序保留果7～8个，第二个以下花序保留果4～6个。疏花疏果的好处是着果整齐、增产、品质好。

2. 赤霉素处理

使用赤霉素可以防止植株休眠，促使花梗和叶柄伸长，增大叶面积，促进花芽分化。喷施赤霉素应掌握好时间和用量，赤霉素处理的时间和次数与品种有关。一般萌芽至现蕾期，用赤霉素5～10毫克/升，15～20天喷一次，休眠浅的品种喷一次，深的喷2～3次。防止植株进入休眠，促进花梗和叶柄伸长生长，增大叶面积和促进花芽发育。

（八）辅助授粉

辅助授粉是设施草莓优质高产高效栽培的关键技术之一，否则会产生大量畸形果，影响产量、商品性和效益。草莓是典型的虫媒花植物，借助蜜蜂等昆虫进行授粉是非常关键的。在设施温室内适度放蜂，可提高坐果率，一般在草莓开花前的1周进行室内放蜂。

当设施温室内草莓进入花期，每标准棚内（100米×7米）放蜜蜂一箱。蜜蜂对温度、湿度和各类农药非常敏感，室内温度、湿度过高及打药均可造成蜜蜂死亡，蜂箱离开地面应50厘米以上，打药时将蜂箱搬出。此外也可以人工辅助授粉，人工授粉于草莓的开花盛期进行，用细毛掸于草莓的花序左右轻擦而过即可。

（九）采收与包装

草莓在成熟采摘时，应根据需求掌握采摘成熟度，长途运输时应采八成熟果，短途运输应采九成熟果，即时观光食用采完全成熟果。在采摘的过程中，用劲不能过猛，应该用手托住果实，然后轻轻地扭转，使得果实与果蒂断裂。在采摘完成后，要轻拿轻放，防止碰坏。采摘的时间最好是在早上或傍晚。观光农业园要注意创造品牌效应，应设计精美的草莓包装盒，容量在1.0～2.5千克，不能设计太大的包装盒，以免压伤草莓，材质可选用纸盒、塑料盒、泡沫盒、编织篮、塑料篮等。

（十）病虫害防治

草莓常发病害有炭疽病、白粉病、灰霉病。开花前可采用化学防治方法，使用硫黄熏蒸灯，每亩放4盏；25%己唑醇悬浮剂1 000倍液、30%戊唑·嘧菌酯悬浮剂1 000倍液或30%苯甲·嘧菌酯悬浮剂1 500倍液，交替使用，均匀喷洒。开花期开始放蜂，禁止用药，控制病害可以采取调节室内温度、湿度等方式进行，降低室内湿度是减少病害的有效措施，初见发病株可拔除带出棚外。虫害主要有蚜虫、红蜘蛛和甜菜夜蛾等，前期可用40%氯虫·噻虫嗪水分散粒剂3 000～4 000倍液防治，放蜂前也可用色板、糖醋液诱蛾等物理方法防治，放蜂后禁用。

第三节　樱桃设施栽培技术

樱桃自古有"果中珍珠"的美誉，是落叶果树中成熟最早的果品。樱桃果实色泽娇艳，味美爽口。樱桃在设施栽培条件下，成熟更早，同时因避免了花期霜冻、成熟期遇雨裂果和鸟类取食危害，不但产量稳定，而且果实品质较好。

一、设施樱桃栽植技术

（一）科学选地

设施樱桃栽植园地一般要求周边交通便捷，距离销售市场较近（樱桃一般集中成熟，不耐储藏），地下水位尽量低、以免发生渍害，背风向阳，土层深厚，透气性好、保水性佳，土壤类型以砂壤土为好，pH值6～7.5，周边有足够的灌溉水源。

（二）科学选种

设施栽培樱桃品种上要求成熟时间早，有较高的自花坐果率，对光照需求量不高，如红灯等，定植后4年左右可以结果，表现出很好的丰产性；也可在选择早熟樱桃的基础上，适当搭配中熟品种，如美早、先锋等，以延长大棚樱桃上市的时间。此外，选种时还要适当考虑品质，确保经济效益。

主栽品种确定后，可结合实际适当搭配授粉品种，要求开花时间大概一致，且授粉品种应该具有授粉亲和力强的特点。主栽品种与授粉树的搭配比例一般为4∶1。

（三）科学栽植

设施大棚内栽植樱桃的时间可选择在春季、冬季。北方地区气候干旱，经常有大风天气，可导致樱桃苗失水过多而死亡，因此最适合栽植的时间在春季，在土壤冻层消融后即可进行栽植，此时幼苗体液尚未萌动，一般在3月上中旬，栽植的成活率更高。大棚内栽植的樱桃苗要求树龄在5年以上。栽植的密度可结合土壤肥力而定。如中等肥水平的地块，樱桃栽植的株行距为4米×（3～5）米。为了提高大棚的采光度，大棚以南北走向为好。

二、树体管理

（一）整形修剪

设施大樱桃栽培适宜的树形为纺锤形，幼树栽植后于50厘米处定干，树干高40厘米左右，由南向北依次提高树干，在中心干上直接着生大型结果枝组，枝组间相互距离20厘米左右，在中心干上呈螺旋形分布。树高控制在2.5米左右。于当年9月或翌年4月拉枝，枝角拉至80°~90°。将枝条拉平以缓和生长势，促发短枝，以利于形成花芽。

设施樱桃应以夏剪为主，冬剪为辅。修剪方法以疏剪为主，疏剪缩剪相结合。修剪时间为果实采收后，及时疏除已结果的中长果枝衰弱的结果枝组，疏除密生枝和弱枝，并对当年萌发的强旺枝及时摘心和拿枝，以缓和长势，促发中短枝，增加枝量，为翌年结果奠定基础。

（二）花果管理

1.人工授粉

设施大棚内的温度相对较高、透气性差，因此为了提高樱桃的授粉率，确保其品质，可在花期进行人工辅助授粉。具体的授粉方法：用橡皮头、毛笔等适量蘸取花粉后对准花朵柱头进行点授，也可选择授粉器进行授粉，以樱桃树刚开花1~2天授粉的效果最佳。授粉器的类型主要有球式授粉器、棍式授粉器两种。球式授粉器是将干净的纱布或者泡沫塑料球（直径5厘米左右）绑在竹竿、木棍等的顶部。棍式授粉器是先将泡沫塑料（长度50厘米）绑在竹竿、木棍等的顶部，并将干净的纱布绑在外面。用授粉器蘸花粉接触不同的花朵，可取得较好的授粉效果。还可在大棚内释放一定密度的蜜蜂辅助授粉。

2.促进着色

为了提高樱桃果实的品质，需要每10天左右用0.5%磷酸二氢钾、0.3%尿素混合液喷施一次，对果实的着色比较有利；还可以采取摘叶、转果、地面铺设反光膜等方法促进果实着色。

3.防止裂果

为了避免樱桃采收之前出现裂果等问题，可通过以下方法予以改善：一是使土壤中的水分相对稳定，在地面铺设反光膜能起到稳定土壤水分的作用，还可在樱桃果实处于硬核期到第二次快速生长之间控制土壤10~30厘米土层内水分含量约12%，硬核期与速长期之间，及时对土层内约20厘米处的含水量进行控制，确保不高于13%；二是在采收樱桃果实之前，选择适当浓度的钙盐对准樱桃果实喷洒，一般为0.3%左右的氯化钙溶液，每周喷1次即可，连续喷3次以上，对果实内可溶性固形物含量的增加比较有利，可降低裂果的可能性。

（三）水肥管理

一是基肥。大棚建设时在挖沟的同时进行改土施肥。除此之外每年需要施一次基肥，可在果实采收之后的9月中下旬施入过磷酸钙80~100千克/亩、充分腐熟的有机肥3.7~15吨/亩、硼砂7~10千克/亩。二是追肥。大棚内种植樱桃一般需要追肥2~3次，第一次在樱桃树开花之前施入尿素50千克/亩，第二次在樱桃果实采收后施入充分腐熟的农家肥，也可施入尿素、硫酸铵等。在樱桃开花期用0.2%硫酸二氢钾、0.3%尿素等溶液对准叶面喷施，添加适量的硼砂效果更佳，一般每周喷一次，对樱桃树坐果率的提高有明显效果。三是灌水。大棚在扣棚之前需要灌透水一次，果实采收后在施肥的基础上再灌溉一次。进入7月后灌溉的水量需要适当控制，遇到大雨时要在雨后及时将水排走，避免大棚内土壤内湿度过高。

（四）有害生物防治

设施樱桃树易发的病害类型有干腐病、褐斑穿孔病。此类病害发生的部位主要集中在樱桃树新长出来的枝条、叶片上，如果防治不及时，可导致叶片的脱落影响到树体的生长，最终导致减产。穿孔病的防治：可在花脱落后到采收之前选择50%多菌灵可湿性粉剂800倍液、65%代森锰锌可湿性粉剂600倍液等进行喷施，每周喷一次，连续喷3次；也可在果实采收后选择波尔多液等进行喷施。设施樱桃树上常发的害虫种类有绿盲蝽、白粉虱、桑白蚧等。防治药剂要求无公害、高效，按照说明书的要求进行稀释，避免因浓度过高而导致樱桃树生长受到不利影响。每年的3月中旬后用石硫合剂进行喷施，每2周喷一次，连续喷3次。

三、设施大棚管理

（一）扣棚时间

结合樱桃的低温需求量，一般控制在7.2℃以下的环境中1 440小时左右。有的区域樱桃苗较早即进入休眠期，因此扣棚、采收的时间要尽早。为了实现上市时间提前的目标，北方地区适合在12月进行扣棚。

（二）温度控制

设施大棚内为了有很好的保温效果，需要安装供暖设备，如电暖器等；还可以将适量的新鲜厩肥拌入到土壤中，以增加土壤的温度。北方地区冬季温度低，为了减轻低温对大棚内樱桃的影响，要在大棚薄膜外覆盖一层秸秆或者草席等材料，以起到保温作用。如果遇到霜冻天气，还需要在大棚外开展熏烟管理；若遇到寒流，则将在大棚内放置一定量的热水。

具体适合的温度因樱桃树生长发育的阶段而有所差异。如在发芽到开花这段时间，昼夜温度分别控制在18～20℃、6～7℃；进入大量开花期后，昼夜温度分别控制在20～22℃、8～10℃；进入落花期后，昼夜温度分别控制在20～22℃、7～8℃；进入果实膨大期后，昼夜温度分别控制在20～22℃、10～12℃；之后，昼夜温度分别保持在22～25℃、12～15℃。

（三）湿度调节

设施大棚内的湿度条件要求控制在合理的范围内，结合需要及时通风换气。通风期间要注意大棚内温度变化情况，不可使温度降低过多而影响樱桃苗的生长。结合湿度情况做好灌溉，可分次进行、轮流穴灌，以维持湿度条件相对稳定。

四、果实采收

（一）采收时期

设施栽培的甜樱桃，主要用于鲜食，一般不需要长期储存。就地销售的，必须使果实充分成熟，在表现本品种应有的色、香、味等特征的时期采收；而需要外销的，则在果实九成熟时采收较为合适，比在当地销售的提前3～5天采收即可。

成熟度是确定甜樱桃果实采收期的直接依据。生产中，甜樱桃的成熟度主要是根据果面色泽、果实风味和可溶性固形物含量来确定。黄色品种，当底色褪绿变黄、阳面开始有红晕时，即开始进入成熟期。红色品种或紫色品种，当果面已全面着红色，即表明进入成熟期。多数品种，鲜果采摘时可溶性固形物含量应达到或超过15%。

（二）采收方法

根据樱桃果实成熟情况，采收时应该分期分批进行。最好在凉爽天气或每天早晨采收，例如在晴天的9:00以前或者下午气温较低、无露水的情况下采收。

采摘时，用手捏住果柄轻轻往上掰。注意应连同果柄采摘。在采摘过程中应配备底部有一小口的容器，容器不能太大，而且必须内装有软衬，以减少其机械碰撞。将采摘下的果实轻轻放入容器内，从容器内往外倒时可以从底部流口处轻轻倒出。做到轻拿轻放。

采收后进行初选，剔除病烂果、裂果和碰伤果。采收后的果实放入有软衬垫的容器内，要轻拿轻放。采摘后的果实不能在太阳的直射下放置。这样不仅影响甜樱桃果实的寿命，而且也有损于其商品质量，从而影响其经济效益。

第八章

设施养殖技术

第一节　设施养殖的概念和特点

一、设施养殖的概念

设施养殖业是现代设施农业的新领域，是养殖业现代化的重要标志，具有广阔的发展前景。

设施养殖是以科学技术进步为依托，在有效保护生态环境的前提下，通过不断提高装备水平，改善生产工艺，从而提高畜禽和渔业生产水平和产品质量，追求最大的经济效益。设施养殖是在人为控制下进行的高效养殖业。生产上采用优良品种以及先进设施和饲养管理技术，为畜禽和水生养殖动物创造适宜的生活环境，并保证饲料营养和疫病防治，使畜禽和水产养殖实现规模化、工厂化，达到"高产、高效、优质"的目的。

设施养殖主要有设施畜牧和设施渔业两大类。设施畜牧是指在人工建造的环境中进行家畜和家禽的养殖。这类设施通常包括封闭或半封闭的畜舍、自动化饲养系统、环境控制系统等。通过这些设施，养殖者能够精确控制动物生长所需的各种条件，如温度、湿度、通风、光照等，从而提高动物的健康水平和生产效率。设施渔业主要指在人工控制的环境中进行水生动植物的养殖，包括池塘养殖、网箱养殖、工厂化循环水养殖等。这类设施通过模拟自然生态环境，为水产动物提供适宜的生长条件。

二、设施养殖的特点

（一）工厂化、规模化生产

设施养殖是将现代工业技术和现代生物学技术相结合，按照工艺过程的连续性和生产过程的流水性原则，在半自动或全自动的系统中进行的高密度养殖，设施内饲养的动物尽可能达到最大规模，对生产全过程实行半封闭或全封闭管理，对养殖的各个环节实行全人工控制，将畜禽作为生产机器，使养殖场像现代化工厂一样源源不断地生产出大量的动物及动物产品。

（二）高生产效率，高生产水平

设施养殖中广泛应用畜牧机械，如喂料设备、环境控制设备、自动集蛋设备、挤奶设备、清粪设备等，这些机械和设备的应用减轻了生产的劳动强度，提高了养殖业的生产效率。在设施养殖生产中，畜禽养殖表现出了较高的生产水平。

（三）标准化生产，产品质量有保证

设施养殖业采用标准化的配套设施，在标准化的环境条件下，实行标准化饲养管理，并对生产过程的各个环节进行严格

的监督管理，从而确保畜产品质量和安全，提高了畜产品的信誉度和市场竞争力，实现了高产、高效、优质的目的。

（四）减少环境污染

畜禽设施养殖中会产生大量废弃物，如粪便和污水等，这些废弃物如不进行处理会对环境造成严重的污染。设施养殖中应用各种有效措施，对畜禽粪便及污水进行多层次、多环节的综合治理，减少了环境污染，保护了生态环境。

第二节　设施养猪

猪可为人类提供肉食品、优质有机肥料、工业原料，还可作为实验动物。养猪业是畜牧业的重要产业。猪属于全年发情动物，一般4—5月龄可达到性成熟，6—8月龄即可初配，妊娠期为114天，每年可繁殖2胎以上，每胎产仔10头左右。猪生长快、饲料利用率高。猪出生后2个月内生长很快，30日龄体重为出生体重的5～6倍，2月龄体重为1月龄的2～3倍，在满足营养的情况下，一般5—6月龄体重可达到约100千克，即可出栏上市。

设施养猪是指在人工建造的环境中进行猪只的养殖活动，这种环境通常包括了各种设施和系统，旨在提供优化的生长条件、提高养殖效率、保障动物福利以及减少对环境的影响。工厂化养猪是设施养猪发展的高级阶段，它代表了养猪产业向现代化、规模化、自动化和信息化转型的方向。这种养猪方式通过采用先进的生产技术和管理方法，实现了对养猪过程的精确控制和高效管理，从而显著提高了生产效率和产品质量，同时降低了对环境的影响。下面主要对工厂化养猪进行介绍。

一、工厂化养猪的概念

工厂化养猪是把猪从出生至出栏上市进行集约式的、按工厂化的流水线方式进行生产作业，采用全进全出的工艺进行生产。工厂化养猪中每头母猪通过配种、妊娠、分娩生产出仔猪，并对仔猪哺乳、保育、生长育成后即出栏上市，其依照一定顺序，按照周转计划，定量、定时地由一道工序转移到下一道工序，在这种工序转移的过程中，每一道工序内猪只的数量或由若干头猪组成的基本单元数是始终维持相对稳定的，这就形成了工厂化养猪生产的工艺流程及各道工序相对均衡的猪群数量，并按节率（通常以周制，即7的倍数）流转，形成有节奏的流转式生产工艺。

二、工厂化养猪生产特点

（一）集约化饲养

工厂化养猪集成了环境工程、饲料营养、品种繁育、兽医技术、农业工程、农业经济、现代管理等多学科科技成果，形成了猪群密集、技术综合的生产体系，是技术密集型的集约化养猪生产。集约的含义也就是猪群集中且高密度，例如一条万头猪的生产线其总建筑面积仅为6 200米^2，母猪采用限位栏饲养，公猪无专门的运动场且饲养面积兼作配种用，生长育成猪采用高密度大群饲养。

（二）流水式均衡生产

工厂化猪场的管理从配种→妊娠→分娩哺育→保育→生长育成→出栏上市，形成一条连续流水式的生产线，各生产阶段有计划、有节奏地运行，每期都有同等数量的母猪受孕、分娩，同时也有同窝数的仔猪断奶和育成猪出栏，整个生产具有流水式作业特点及实现了全年均衡生产。

（三）全进全出

猪只在各类猪舍的饲养期一般以周划分，在一类猪舍的一个单元内的猪只全进全出，这样易于实现精确饲养管理及便于每单元的维修、清洗、消毒和使用的有效管理，尤其对疫病的防疫更有利。

（四）饲养标准化

由于流水式均衡生产的工艺，且猪群几乎不接触泥土和阳光，运动量小，脱离自然环境的影响，因此，要求选用生产性能优异、整齐、规格化较高的猪群和全价配合饲料，即采用标准化的饲养才能保证生产流程的正常运转。

（五）早期断奶，高效管理

为提高母猪的生产力，工厂化猪场多采用早期断奶（3~4周龄断奶），使母猪年产胎次在2.2胎以上，同时分阶段专群饲养，有效地解决了传统大群养猪生产中难以实现精确饲养管理的问题，从而能充分发挥猪的生产潜力。此外，由于采用猪自动饮水、虹吸式高压自动清粪，以及机械化的饲料运送和饲喂系统等自动化机械设备，大大提高了劳动生产率和降低了饲养成本。

三、工厂化养猪的设施设备

（一）工厂化养猪场的设施

工厂化养猪要求生产车间工艺设计先进、合理、实用。规模化养猪的猪舍通常有单列式和双列式两种。一般以双列封闭式为主，并且因群体而异。现对猪舍的建筑设计参数介绍如下。

1. 猪舍规格

深度8~8.5米，开间隔3~4米，长度50~70米（视地形而定），沿口（滴水）高度3.2~3.5米。

2. 猪舍屋顶式样

多数是"人"字形或平顶形。"人"字形采用木材或水泥钢筋混凝土屋架，屋面盖瓦，瓦下是一层油毡和篾垫或纤维板等物。平顶形用钢筋混凝土浇筑，务必要保暖防漏。新建的猪舍还可以采用轻钢结构活动厂房，既经济又耐用。

3. 墙体

东、西山墙，南、北围墙以及舍内猪栏隔墙，在1.2米高的范围内为实砖墙，其上部为空心砖墙。集约化养猪对种猪和成品肉猪群也可砌半墙，上面采用卷帘。

4. 门窗设计

集约化养猪南北墙设窗，规格为宽1.5米，高1.2米，也可不设窗而设半墙围布。最好每个房子南北墙设地窗，规格为长0.5米、宽0.2米，窗门面积可参考采光系数标准，即种猪舍窗门的有效采光面积应占舍内总面积的8.5%~10%，肥猪舍应占7% ~ 8.5%。

5. 门

设东西两扇门，宽1.4米，高2米。猪栏通往运动场的门宽0.6米，高1.2米。

6. 走道

一般设3条走道，中间1条（1米），两边各1条（0.8米）。

7. 运动场

集约化养猪一般不设运动场，但根据经验，空怀配种舍和育肥舍设运动场为好，运动场与猪舍宽度相同，长度2 ~ 3米。

（二）工厂化养猪的设备

工厂化养猪就是利用现代技术设备，创造良好的小气候环境条件。为此，就必须有成套的养猪设备和合理的生产设施等。特别应注意设备、设施的标准化、系列化和集成化。

1. 围栏设备

猪栏是工厂化养猪场的必备设备，用它来隔离不同类型、不同日龄的猪群，形成猪场最基本的生产单元。规模化养猪的围栏分为公猪栏、配种栏、妊娠栏、分娩栏、保育栏、育肥栏等。

2. 饲喂设备

在我国，饲料成本占养猪成本的70%左右，所以减少饲料浪费，提高饲料利用率，对降低养猪成本、提高猪场经济效益至关重要。目前采用的主要有干湿料箱、干料自动输送设备、液态饲料自动输送设备和群养单喂采食站设备等。

3. 饮水设备

目前使用比较广泛的是自动饮水器，自动饮水器可以避免疾病的交叉传播，节约用水，保持栏舍干燥。自动饮水器分为鸭嘴式、乳头式、吸吮式和杯式等，由饮水管道、过滤器、减压阀等部分组成。

4. 环境控制设备

我国大部分地区冬季舍内温度都达不到猪只的适宜温度，需要提供采暖设备。供热保温设备主要用于分娩栏和保育栏，猪场用的保温设备，除北方冬季给猪舍供暖的锅炉、散热器外，还有给乳猪和仔猪局部保温的一些设备，常用的有红外线灯、远红外线发热器、自动恒温电热板、保温箱、保温帷幕等。

猪舍通风降温设备主要包括各种低压大流量风机、喷雾降温、滴水降温和湿帘降温设备。湿帘降温应用较为广泛，湿帘风机降温系统使空气通过湿帘进入猪舍，夏季可以降低进入猪舍空气的温度，起到降温的效果。

此外还有刮粪机、猪场粪液污水处理系统等。

四、工厂化养猪的饲养管理

饲养是养猪过程中的一个重要环节，尤其是在育肥期间，饲养的好坏直接关系到养殖效益的高低。猪的饲养管理，应根据猪的品种、所处生长环境以及生长发育规律采用科学合理的饲养管理方法，来增加猪的日增重及缩短肥育周期。

（一）日粮搭配

日粮的搭配要求营养均衡，而且要保证其浓度的平衡，使猪只发挥出自身的生产性能，提高饲料的利用率。一般在搭配过程中，除了要注意钙和磷的平衡外，各种氨基酸之间也要保持平衡，因为过量的氨基酸在动物体内会被氧化分解而被浪费，抑制动物的饲料摄入量，并增加能量消耗。

（二）饲料调制

目前饲喂生猪的饲料原料为能量饲料、蛋白质饲料、矿物质饲料以及维生素类饲料等。一般使用最多的饲料主要为玉米、豆粕、麸皮、骨粉，还有一些饲料添加剂等。在调制饲料时，最好能满足各阶段猪的营养需求，同时注意饲料的适口性，以提高采食量。做到因地制宜选择饲料。

（三）饲喂次数

各个年龄阶段的猪，它们的生长需求不同，肠胃消化能力也不同。所以，在给猪饲喂时，也要根据猪的种类、生长阶段进行饲喂。对于生长育肥猪而言，猪群的食欲以傍晚最盛，早晨次之，午间最弱，这种现象在夏季更趋明显，所以饲养员对生长育肥猪可日喂2次，在早晨上班、下午下班时进行。

（四）充足的饮水

猪场在选择水源方面要确保清洁少杂质，平时多注意巡查饮水器的使用状态，发现有损坏等问题后及时修理更换，以免影响猪群的正常饮水。饮水要求：育肥猪日需水量9～12升；生长猪日需水量5～7升；保育猪日需水量3～5升等。

（五）猪舍卫生管理

定期清除猪舍内被污染的饲料、垫草和粪便等，在猪躺卧处铺干燥的垫草，并定期对猪舍进行消毒；保障猪舍清洁干净，营造良好的饲养环境，尽快让猪养成采食、卧睡和排泄定点的习惯。此外，还要加强对氨气、二氧化碳和硫化氢等有毒有害气体的监控。

第三节　设施养牛

家牛包括奶牛、肉牛、黄牛。牛是草食家畜，最大的特点是瘤胃微生物具有发酵功能，可将单胃动物与人不能利用或利用率低的草类和秸秆转化为畜产品。

一、集约化设施养牛

（一）设施养牛场地的建设

1. 畜舍建设

养牛场的核心是牛舍建设。牛舍应该建设在通风良好、采光充足的地方，舍内要有合理的隔间，保证牛只的休息和活动空间。地面要平整，易于清理，以确保牛只的卫生和健康。

2. 饲草区

饲草是牛只主要的食物来源，因此，建设合理的饲草区域至关重要。可以建设青贮库、干草库等，确保饲料的储存和保存。

3. 生产管理区

建设科学的生产管理区，包括配种区、分娩区等。这有助于提高繁殖效益，确保牛只的健康状况。同时，配备必要的防疫设施，加强对牛只的日常管理和诊疗护理。

4. 办公区

在场地内建设办公区，用于管理和办公。办公区可以包括办公楼、员工宿舍、食堂等，提供员工工作和生活的便利。

（二）设施养牛的设备

养牛生产需要的机械和设备主要包括饲草饲料收割与加工、挤奶、牛舍通风及防暑降温、供料、饮水、饲喂、清粪等机械和设备，这些机械和设备提高了养牛业的生产水平。

1. 饮水供料

饲喂设施包括饲料的装运、输送、分配设备以及饲料通道等设施，牛舍内饮水设备包括自动饮水器或水槽。

2. 通风降温设备

通风设备有电动风机和电风扇，轴流式风机是牛舍常见的通风换气设备，这种风机既可排风，又可送风，而且风量大。电风扇也常用于牛舍通风，一般为吊扇。喷淋降温系统是目前最实用且有效的降温方法，它是将细水滴喷到牛背上湿润皮肤，利用风扇及水分蒸发以达到降温散热的目的。

3. 清粪设备

牛舍的清粪方式有机械清粪、水冲清粪、人工清粪。机械清粪中采用的主要设备有：连杆刮板式，适于单列牛床；环行链刮板式，适于双列牛床；双翼形推粪板式，适于散栏饲养牛舍。

4. 挤奶器

挤奶器的原理是利用挤奶机形成的真空，将乳房中的奶吸出。挤奶器挤奶效率高，奶不易受到污染，工人劳动强度低。规模较大的奶牛场，基本实现了机器挤奶。

（三）设施养牛的饲养管理

饲养管理是养牛过程中最为重要的环节之一，它直接关系到牛的健康、生产性能和经济效益。管理方面，需要注意以下几个方面。

1. 日常管理

1）合理配料

根据牛的品种、生长阶段和生产性能等不同需求，合理搭配饲料，确保牛能够获得充足的营养。

2）定时定量

根据牛的采食习惯和生长需要，定时定量地投喂饲料，确保牛能够按时按量采食。

3）饮水充足

保证水源清洁，每天更换一次水源，同时要注意观察牛的饮水量，及时调整饮水供给。

4）环境卫生

保持牛舍的清洁干燥，定期消毒和驱虫，减少疾病的发生。

2. 青贮饲料

青贮饲料是指将新鲜的秸秆、牧草发酵制成的一种饲料。这种饲料具有营养价值高、易于消化吸收等特点，是养牛过程中不可缺少的饲料之一。在制作和使用青贮饲料时，需要注意以下几个方面。

1）制作方法

将新鲜的秸秆、牧草等切碎成段，然后放入青贮窖中，加入适量的水和发酵剂，密封发酵40~60天即可。

2）养分含量

青贮饲料中的养分含量比较高，可以满足牛的生长需要。

3）注意事项

在喂养过程中，要注意观察牛的采食情况和粪便状态，及时调整喂量及喂法。

3. 疫病防治

疫病防治是养牛过程中必须重视的一个环节。在防治疫病时，需要注意以下几个方面。

1）定期防疫

根据当地疫情及疫苗使用要求，定期为牛接种疫苗，预防各种疫病的发生。同时，还要根据需要定期进行驱虫、健胃等措施，提高牛的抵抗力。

2）及时治疗

当发现牛出现病症时，要及时进行治疗。在进行治疗时，要注意合理用药、规范治疗，避免因治疗不当导致病情恶化。

3）常见疾病预防

在养牛过程中，常见的疾病有感冒、肺炎、腹泻等。对于这些疾病，需要注意预防和及时治疗。例如，保持牛舍温度适宜、保持环境卫生、定期检查等。

二、智慧养牛

智慧养殖是指将数字智慧养殖系统应用在养殖场上，围绕养殖场环境、养殖管理，监测养殖环境、联动环境调控、水食投喂、称重、通风、清粪等设备，人工在系统云平台上设定养殖策略，将执行工作交给系统来进行。

随着科技的飞速发展，智能养殖正成为现代畜牧业的重要趋势，而智慧养牛作为其中的重要分支，正以其独特的解决方案和物联网传感器的生产方式，为养牛业带来了革命性的改变。

（一）智慧养牛的设备

智慧牛舍需配置进料槽、饮水槽、饲喂机、饮水器、母仔栏、尿粪沟、隔栏、贮粪池等设备，如果是奶牛场，则还需要配备挤奶设备、杀菌罐、牛奶冷却罐等设备。同时为便于后期升级为智能牛舍，相关设备最好选择支持智能功能，可接入到数字智慧养殖系统，集中统一管理。

1. 进料槽

选购砖、石、水泥等材质的料槽，或者木板制成。固定式的水泥饲槽更适用，长60~80厘米，宽35厘米。

2. 饮水槽

缸、石槽或水泥槽等均可，为便于数字智慧养殖系统统一调控，需采用便于饮水流通的统一类型。

3. 尿粪沟

为便于排泄物及时清理，倾斜角度为1：（100~200），宽28~30厘米，深15厘米。

其他设备结合牛舍的规模与布局选配即可，其中污水池或者说贮粪池是必备的，需要遵守相关规定，提前合理规划容积大小。

（二）智慧养殖云平台

除了牛舍的必备设备外，还有数字智慧养殖系统相关的硬件设备，软件部分也就是智慧养殖云平台，多是硬件设备自带的。

1. 环境监控柜

主要功能是实时采集牛舍的温度、湿度、氨气、硫化氢、空气质量、粉尘、噪声等环境参数，联动控制牛舍的风机、卷帘、刮粪板、除尘机、饲喂机、供热系统等养殖、环控设备；监测多路控制设备的工作电流、传感器数据，以及显示设备工作状态，本地修改调整策略配置、参数调整等，远程遥控遥测牛舍的环境及牛的生长行为。

2. 感知监测设备系列

感知牛舍环境参数及饲喂机等智能设备的工作状态，主要有空气温湿度传感器、氨气传感器、硫化氢传感器、噪声传感器、空气质量传感器、液位传感器、电量采集模块、压力传感器、流量传感器、水质pH值传感器、水质余氯传感器、水质浊度传感器、智能电表、智能水表、电子测温耳标、自动称重系统、无线传输终端等设备，具体应用类型与数量，根据牛舍实际情况进行选配。

3. 水泵控制柜

针对水泵工作状态、启停控制的设备。

4. 云平台

具备数据接收处理、曲线图展示、养殖管理参数修改、自动报警、数据存储、历史查询、集中监控、统一调控、仿真组态等功能，是数字智慧养殖系统的"大脑"，由硬件设备自带。

数字智慧养殖系统，建立在物联网、无线通信、智能感知等技术应用之上，运用物联网技术，对畜禽环境信息进行24小时在线采集，实时监测养殖环境信息，预警异常情况，随时修改或控制设备运行状态，及时采取措施，降低损失。

养殖户通过手机端App、电脑网页/软件等终端，随时查看历史曲线图，掌握牛舍环境参数变化情况。利用物联网技术将养殖业纳入系统科学管理中，减少养殖场人力支出，推动养殖业向信息化、智能化方向发展。

第四节 设施养家禽

家禽是由野生鸟类经人类长期驯化和培育而来，在家养条件下可以正常繁衍并能为人类提供肉、蛋等产品。家禽主要包括：鸡、鸭、鹅、鹌鹑、火鸡、鸽子、珠鸡、鸵鸟等。家禽具有繁殖能力强、生长迅速、饲料转化率高、适合于高密度饲养等特点。禽产品营养价值高，是人类理想的动物蛋白质来源。家禽生产的主要技术环节包括孵化、蛋鸡生产、肉鸡生产和种鸡生产。

一、家禽规模化养殖技术

（一）家禽的饲养方式

不同的饲养方式需要不同的建筑和设备，生产中根据不同的特点，采用适宜的饲养方式。舍饲是家禽整个饲养过程完全在舍内进行，是鸡和鸭的主要饲养方式。舍饲主要分为平养和笼养两种，平养指鸡在一个平面上活动，又分为落地散养、离地网上平养和混合地面平养。平养禽舍的饲养密度小，建筑面积大，投资相对较高，一般肉鸡生产上使用较为广泛。笼养可较充分地利用禽舍空间，饲养密度大，管理方便，家禽不接触粪便，减少了疫病的发生。

1.落地散养

落地散养又称厚垫料地面平养，即直接在水泥地面上铺设厚垫料，家禽生活在垫料上面，肉仔鸡、肉鸭生产较多采用这种形式。

2. 离地网上平养

家禽离开地面，生活在金属或其他材料制作的网片或板条上，粪便落到网下，家禽不直接接触粪便，有利于疾病的控制。

3. 混合地面饲养

混合地面饲养就是将禽舍分为地面和网上两部分，地面部分铺厚垫料，网上部分为板条棚架结构。舍内布局主要采用"两高一低"或"两低一高"，国内外肉种鸡的饲养多采用混合地面饲养方式，国外蛋种鸡也有采用这种饲养方式。

4. 笼养

根据鸡种、性别和鸡龄设计不同型号的鸡笼，将鸡饲养在用金属丝焊成的笼子中。笼养大部分采用阶梯式鸡笼，阶梯式笼养的形式主要有全阶梯式、半阶梯式和全重叠式。笼养由于饲养密度高，相对投资较少且管理方便，目前家禽设施养殖多采用这种饲养方式。

（二）家禽品种

现代家禽品种大多是配套品系，又称杂交商品系，是经过配合力测定筛选出来的杂交优势最强的杂交组合。现代商品鸡分为蛋鸡系和肉鸡系，蛋鸡系是专门生产商品蛋鸡的配套品系，有白壳蛋鸡、褐壳蛋鸡、粉壳蛋鸡和绿壳蛋鸡，该类鸡一般体型较小，体躯较长，后躯发达，皮薄骨细，肌肉结实，羽毛紧密，性情活泼好动。肉鸡系主要通过肉用型鸡的杂交配套选育成肉用仔鸡，该类鸡体型大，体躯宽且深而短，胸部肌肉发达，动作迟缓，生长迅速且容易肥育。

（三）设施家禽业所需的设备

1. 孵化机

孵化机是利用自动控制技术为禽蛋胚胎发育提供适宜的环境条件，从而获得大量优质雏禽的机器。孵化机包括箱体、盛蛋装置、转蛋装置和各种控制设备，其中控制设备分别对孵化过程中的温度、湿度、通风换气、转蛋及凉蛋等进行控制，从而满足家禽胚胎发育所需要的环境条件。

2. 育雏保温设备

由于幼雏羽毛发育不全，且体温调节机能不完善，对外界温度变化敏感，因此需要保持适宜的温度。一般有热风炉、电热育雏伞、电热育雏笼等。

3. 笼具设备

鸡笼设备按组合形式可分为全阶梯式、半阶梯式、层叠式、复合式和平置式，按鸡的种类可分为雏鸡笼、育成鸡笼、蛋鸡笼、种鸡笼和公鸡笼。

4. 饮水设备

饮水设备有乳头式、杯式、水槽式、吊塔式和真空式，目前主要使用乳头饮水器，当鸡啄水滴时便触动阀杆顶开阀门，水便自动流出，由于全密封供水线确保饮水新鲜、洁净，杜绝了外界污染，减少了疫病的传播。

5. 喂料设备

家禽生产中采用机械喂料系统，机械喂料设备包括贮料塔、输料机、喂料机和饲槽等部分。喂料时，由输料机将饲料送往禽舍的喂料机，再由喂料机将饲料送往饲槽，供家禽采食。

6. 清粪设备

目前多使用机械清粪，有牵引式刮粪机、传送带清粪等。牵引式清粪机主要由主机座、转角轮、牵引绳、刮粪板等组成，电机运转带动减速机工作，通过链轮转动牵引刮粪板运行完成清粪工作。该清粪机结构比较简单，维修方便，主要是为鸡的阶梯式笼养及肉鸡高床式饲养而设计的纵向清粪系统。传送带清粪常用于高密度重叠式笼的清粪，粪便经底网空隙直接落于传送带上。

7. 环境控制设备

1）光照设备

光照对蛋鸡的性成熟、产蛋量、蛋重、蛋壳厚度、蛋形成时间及产蛋时间等都有影响。对育雏期第一周，一般采用长时间光照，使雏鸡能够熟悉环境，及时饮水和吃料；育雏1周后至育成结束一般保持自然光照或8小时左右光照时间，切勿增加。鸡群开产后，逐渐增加光照时间，产蛋阶段采用长时间光照（一般16小时），光照时间保持恒定，不能减少。一般采用白炽灯泡或荧光灯作为光源，光源在禽舍内应分布均匀。

2）通风降温系统

通风是将禽舍内产生的不良气体排出，补充新鲜空气，主要包括鸡舍建造结构相关的自然通风、人工安装风扇正压通风、安装排气扇负压通风。湿帘风机降温系统是空气通过湿帘进入禽舍，夏季可以降低进入禽舍空气的温度，起到降温的效果。

（四）人工孵化

家禽为卵生动物，自然条件下进行抱窝，繁衍后代。人工孵化是通过孵化设备为家禽种蛋提供合适的环境条件，使胚胎正常发育。鸡的孵化期为21天。

1. 种蛋选择

种蛋应来自生产性能高、无经蛋传播的疾病、饲料营养全面、管理良好、受精率高的种禽，种蛋表面要清洁、无裂缝，存放时间一周内，大小和蛋壳颜色要符合品种标准。

2. 孵化条件

1）温度

温度是人工孵化中最重要的条件，以鸡为例，鸡种蛋在温度35~40.5℃进行孵化，都会有一些种蛋孵化出雏鸡，在这个温度范围内有一个最佳温度，在环境温度得到控制的前提下（如24~26℃），立体孵化器最适宜孵化温度（1~19天）为37.5~37.8℃，出雏期间（19~21天）为36.9~37.2℃。其他家禽的孵化适宜温度和鸡相差在1℃内。孵化期越长的家禽，孵化适宜温度相对低一些，而孵化期越短的家禽，孵化适宜温度相对高一些。

2）湿度

温度适宜时胚胎对相对湿度的适应范围较宽，入孵机内的相对湿度为50%~55%为宜，出雏机内的相对湿度为65%~70%为宜。

3）通风换气

为了保证胚胎的正常气体代谢，必须不断供给新鲜空气，排出CO_2，在孵化中，随着孵化天数的增加，应将风门逐渐加大，直至完全打开。

4）转蛋

孵化时转蛋可减少胚胎异位的发生，防止胚胎或胎膜与壳膜粘连。转蛋角度应达90°，转蛋次数为每两小时1次，鸡种蛋17天后停止转蛋。

5）凉蛋

鸭、鹅等禽蛋内脂肪含量高，蛋壳较厚且相对表面积小，在孵化后期胚胎会产生大量的热，需要散发多余的热量，以防超温，所以在孵化中后期进行凉蛋，凉蛋一般采用机内凉蛋或机外凉蛋。

3. 照蛋

孵化进程中通常对胚蛋进行2～3次灯光透视检查，以了解胚胎的发育情况，及时剔除无精蛋和死胚蛋，同时根据照蛋结果及时调整孵化条件。

4. 出雏

鸡种蛋孵化19天时，将种蛋转到出雏器中，出雏后及时检雏并进行分级、剪冠、雌雄鉴定、注射疫苗等操作。

（五）设施家禽的饲养管理

1. 引进家禽必须健康，无传染病

设施养殖场要实行专业化饲养，坚持自繁自养或批量购进，做到"全进全出"，禁止多批混养，以防止交叉感染。定期按免疫程序进行防疫，搞好预防接种。同时要及时清除死禽，隔离病弱禽，淘汰残禽。

2. 饲养人员要增强责任心和防疫意识

经常注意观察禽群生长发育和饮食状况，加强饲养管理，坚持"预防为主，治疗为辅"的饲养原则，观察禽群的精神表现、呼吸、饮食、粪便、羽毛等状况。病禽的表现是精神萎靡，冠色发白或发紫，翅尾下垂，羽毛松弛无光泽，常卧

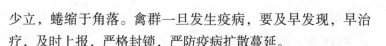

少立，蜷缩于角落。禽群一旦发生疫病，要及早发现，早治疗，及时上报，严格封锁，严防疫病扩散蔓延。

3.加强卫生管理，增强防疫意识

禽类养殖场应实行专人饲养，非饲养人员不得进入禽舍，谢绝一切参观活动。饲养人员进入生产养殖区应更衣换鞋，进行淋浴、消毒。严格杜绝其他人员进入养禽场。要严格消毒制度，饲养用具、禽舍、运动场要定期用苛性钠等进行消毒。场门口设立消毒池，禽舍入口处用生石灰铺路。对进出禽场的车辆及相关物品进行彻底的消毒，严防带有病菌或被污染的用具、车辆、箱体、饲料、种蛋等进入场内。

4.定期对禽舍及周围环境进行消毒，加强带鸡消毒

适用于防疫期及疫病流行期鸡场的消毒，要求消毒液低毒、刺激性小，可用0.3%过氧乙酸、0.1%新洁尔灭等。消毒时喷头距鸡体应70厘米左右，不准直接对着鸡头，雾粒80~120微米。应以屋内物体见湿不流为宜。鸡日龄不得低于10天。

5.加强饲养管理，科学饲养，降低疫病的发生率

疫病的发生，大多是由于饲养管理不善或防疫制度不严造成的。因此在饲养管理上必须采取严格措施。保证合理的饲养密度，禽舍要保持干燥，空气清新，光照合适，注意季节气候的变化做好冬季防寒保暖和夏季防暑工作。

6.给禽类以良好的通风和优质干净的饲料、饮水

尽量减少应激反应的发生。饲喂合理的全价饲料，保证饲料优质不霉变，以满足家禽生长发育和生产的需要，舍内备有充足、清洁的饮水，确保水槽不断水，经常性地投服多维素，以增强鸡体的抗病能力，从而降低禽群的发病率。饮水消

毒可用漂白粉，每千克水加入1毫升用含有效氯20%以上的市售漂白粉配成的1%漂白粉液。

7. 鸡粪的无害化处理

鸡粪中的微生物和寄生虫是疾病病原，必须经过无害化处理。一般鸡粪要堆积处理：鸡粪堆积封闭后产生的热量使粪堆内温度高达80℃左右，从而杀死病原微生物和寄生虫虫卵。方法是在离鸡舍较远的地方挖土坑，坑底垫少量干草，填满鸡粪后用泥浆涂抹，时间一般1~2个月。

8. 发生疫情的禽舍

发生过疫情的禽舍，在妥善处理禽群及粪便后，要及时对禽舍、运动场等一切设备进行彻底消毒。饲料槽、水盆、饮水器等要进行洗刷消毒；禽舍经清洗、消毒以后，还需要密闭熏蒸消毒。彻底消毒后的养殖场一般不要立即再养殖鸡、鸭等禽类，最好经过一段时间自然净化以后再用。

二、蛋鸡立体养殖

蛋鸡立体养殖是指具有一定蛋鸡饲养规模、采用立体生产系统的设施养殖模式（4~12层叠层笼养），与传统平养、阶梯笼养相比，主要有以下特点：单位面积饲养量大，每平方米饲养30~90只，节约土地面积可达30%以上，单位面积产出效率提高2倍以上；劳动效率高，人均蛋鸡饲养量可达3万~5万只，单栋饲养量可达5万~20万只，人均劳动生产率提高3倍以上；自动化程度高，采用密闭式设施养殖，蛋鸡舍内环境可控，能够实现自动饲喂、清粪、集蛋等饲养流程。

（一）养殖工艺

1. 规模

蛋鸡立体养殖宜采用4层或4层以上叠层笼养，单位面积饲养量≥30只/米^2，单栋饲养量5万只以上，每平方米年产蛋量可达0.48吨。

2. 笼具

蛋鸡立体养殖笼具笼网和笼架应采用热浸锌或镀镁铝锌合金材料，设备故障率较阶梯笼养降低10%，设备使用寿命延长5～6年。

3. 转群

饲养过程宜采用两阶段养殖工艺：1～9周龄（第一阶段，育雏育成前期）在育雏育成舍的育雏育成笼中饲养，10周龄至淘汰（第二阶段，育成后期及产蛋期）在产蛋鸡舍的产蛋笼中饲养。

（二）品种与营养

1. 品种

宜采用国产或进口等高产品种，年产蛋量应达310～320枚/只，饲养周期应达500天以上。

2. 营养

应提供充足全价配合饲料，保障蛋鸡采食量需求和营养物质的摄入，满足蛋鸡生长发育及产蛋阶段的能量、蛋白质、矿物质和维生素等需要。宜采用玉米、豆粕减量替代饲料资源高效利用技术，形成蛋鸡低蛋白日粮精准配制方案并应用精准饲养技术，达到节粮增效的目标，充分发挥高产品种产蛋多、饲料转化率高等遗传潜力。应保证鸡只充足饮水，饮水水质达标。

（三）鸡舍建筑与饲养成套设备

蛋鸡立体养殖应保证鸡舍保温和密闭性能，实现全程自动化饲养。

1. 建筑

应采用装配式钢结构，建议采用单跨双坡型门式钢架结构，梁、柱等截面宜采用工字钢，檩条、墙梁为冷弯卷边C型钢，钢柱应沿建筑内墙外侧排布，并做贴面处理。

2. 保温

立体养殖蛋鸡舍应根据当地气候条件设计鸡舍保温结构，冬季生产不需要额外加热。以华北地区产蛋鸡舍为例，围护结构材料建议选用夹芯板，墙体厚度≥150毫米，屋面板厚≥200毫米，屋脊屋顶板缝隙≤50毫米，里外做双层脊瓦，拼接空隙应采用聚氨酯发泡胶做密封填充处理，内部做吊顶处理。保温板应采用卡扣拼接处理，保证鸡舍内部平整无凸起，防止外界空气通过拼接缝隙渗透。

3. 自动饲喂设备

应采用全自动机械化送料和饲喂系统，包括贮料塔、螺旋式输料机、喂料机、匀料器、料槽和笼具清扫等装备。料塔和中央输料线应带有称重系统，满足鸡舍每日自动送料、喂料需求。以单栋饲养量10万只为例，产蛋期蛋鸡采食量为100～109克/天×只鸡，饲喂系统应保证每天至少提供10吨饲料，料塔容量应满足鸡只2天的采食量。

喂料机通常包括料盘式、行车式和链条式等，建议采用行车喂料系统。笼具各层应设有料槽，行车沿料槽布置方向运行时各层出料口实现同时出料。

4. 自动饮水设备

应采用乳头饮水线式自动饮水系统，包括饮水水管、饮水乳头、加药器、调压器、减压阀、反冲水线系统和智能控制系统。鸡舍水线进水处应设置加药器、过滤器，实现饮水过滤和自动化饮水加药。育雏育成前期，各层靠近笼顶网和料槽一侧，应设有高度可调节饮水管线，各笼布置2～3个乳头饮水器，在乳头饮水器下方安装水杯；育成后期和产蛋期，在中间隔网与顶网之间安装饮水管线和"V"形水槽，防止饮水漏至清粪带上。饮水管线等应采用耐腐蚀塑料材质。各层水线应设置水压调压器，保证各层水线前端和尾端充足供水。

5. 自动清粪设备

应采用传送带式清粪系统，包括纵向、横向、斜向清粪传送带、动力和控制系统。每层笼底均应配备传送带分层清理，由纵向传送带输送到鸡舍尾端，各层笼底传送带粪便经尾端刮板刮落后落入底部横向传送带，再经横向和斜向传送带输送至舍外，保证"粪不落地"，适当提高清粪频率，建议粪便日产日清。清粪传送带宜采用全新聚丙烯材料，具备防静电、抗老化、防跑偏功能。为避免鸡只接触清粪传送带粪便，应在每层笼上方设置顶网。

6. 自动集蛋设备

应采用自动化集蛋系统，包括集蛋带、集蛋机、中央输蛋线、蛋库和鸡蛋分级包装机。集蛋过程应将各层鸡蛋自动传送到鸡笼头架，进而通过中央集蛋线将鸡蛋从鸡舍集中传送到蛋库进行后续包装。包装过程应采用鸡蛋分级包装机进行自动鸡蛋分级、装盘，鸡蛋分级包装机效率需根据场区实际生产情况进行配置，通常处理速度为3万～18万枚/时。蛋带应采用PP5

以上级别的高韧性全新聚丙烯材料。

（四）自动化环境控制

立体养殖应采用全密闭式鸡舍，通过鸡舍风机、湿帘、通风小窗和导流板等环控设备实现自动调控。

1. 高温气候环控模式

夏季应采用湿帘进风、山墙风机排风的通风降温模式，外界高温空气通过湿帘降温经导流板导流后进入鸡舍，保证舍内温度处于适宜范围。建议采用湿帘分级控制，防止开启湿帘后湿帘端温度骤降。

2. 寒冷气候环控模式

鸡舍采用依靠侧墙小窗进风、山墙风机排风的通风模式，根据鸡舍内部CO_2浓度、温度等环境参数进行最小通风，以保障舍内空气环境质量（控制CO_2浓度、粉尘、NH_3浓度）的同时减少舍内热量损失，最终满足寒冷气候不加温条件下鸡舍温度控制。应根据鸡舍笼具高度、顶棚高度等调整湿帘和侧墙小窗进风口导流板开启角度，保证入舍新风进入鸡舍顶部空间形成射流，使舍内外空气达到较好的混合效果，避免入舍新风直接吹向笼具内造成鸡群冷热应激。

3. 自动化控制装备

应实现以智能环控器为核心的环境全自动化调控，依据鸡舍空间大小和笼具分布布置温湿度、风速、NH_3、CO_2等环境传感器，依据智能环控器分析舍内环境参数，自动调控侧墙小窗、导流板、风机和湿帘等环控设备的开启和关闭，实现鸡舍内环境智能调控。对鸡舍不同位置的鸡群环境进行均匀性和稳定性调控，保证笼内风速能够达到0.5～1.5米/秒，整舍最大局部温差小于3℃，温度日波动小于3℃。

（五）数字化管控

蛋鸡立体养殖应具备智能化、信息化特点，实现鸡场数字化管控，提高养殖管理效率。

1. 机器人智能巡检

蛋鸡舍智能巡检机器人能实现鸡舍环境、鸡只状态无人化巡检，监测鸡舍不同位置各层笼具内的温度、相对湿度、光照强度和有害气体浓度等环境数据，智能识别各层鸡只状态、定位死鸡分布点，并上传数据至蛋鸡养殖数字化平台，减少捡死鸡等高强度、低效率工作的人工投入。巡检定位精度应≤25毫米，巡检速度达1米/秒。

2. 物联网管控平台

鸡场宜建设物联网管控平台，实现鸡舍不同来源数据的互联互通，能够实时预警多单位多鸡场养殖异常现象、推送环控方案及汇总分析生产数据，远端实时显示鸡舍环境状况、鸡舍运行状态、鸡只健康水平等数据，辅助管理人员智能化决策。

（六）生物安全防控

蛋鸡设施立体养殖模式单栋饲养量大、养殖密度高，其规划应符合场区布局规范，同时应构建完整的生物安全防控体系，以保障蛋鸡健康高效养殖。

1. 鸡场规划与布局

场区分区布局应遵从鸡舍按主导风向布置的原则。生活与办公区、辅助生产区、生产区和粪污处理区应根据蛋鸡场地势高低及水流方向依次布置。

鸡舍应以单列平行排列为主，净污分区，鸡场采用整场全进全出工艺，或至少实施分区布局按区全进全出。鸡舍采用纵向通风，为防止排风粉尘在舍间交叉传播，排气风机应全部集中安装在处于场区下风向的鸡舍一端的山墙上，排风端山墙后需配置除尘间，并对舍内排出空气中的羽毛粉尘颗粒物等进行处理。

2. 鸡场生物安全防控体系

应根据养殖场区自身实际，制定相应的防疫要求，形成规模化蛋鸡场生物安全防控体系，包括防控生物和非生物媒介。建立养殖场来往"人流、物流、车流"消毒技术与规范，做好防鼠、防鸟、防蝇虫等工作，切断外界病原微生物传播途径。定期进行鸡舍内外环境卫生消毒工作，包括湿帘循环水净化消毒、带鸡空气消毒、设施设备（墙壁、地面、笼具、料槽等）表面清洁和鸡舍排出空气过滤与净化等，保障鸡舍及场区环境洁净卫生，净化舍内颗粒物和氨气平均去除率需≥70%，鸡舍排出空气颗粒物和氨气平均去除率需≥70%。

（七）鸡粪贮存与无害化处理

蛋鸡设施养殖叠层笼养模式饲养量大、产生粪污集中，应根据自身特点选择适宜的粪污无害化处理工艺。

1. 鸡粪贮存

设置粪便贮存设施，总容积不低于场内1~2天所产生的粪便总量。贮存设施的结构具有防渗漏功能，不得污染地下水。贮存设施应配备防止降雨（水）进入的设施。

2. 鸡粪无害化处理

应采用好氧发酵工艺进行鸡场粪便无害化处理，无处理能力的应交由有资质的第三方进行处理，有条件的可利用风机排风热能对鸡粪直接风干处理。好氧堆肥流程需对鸡粪和秸秆、锯末、稻壳、谷壳、木屑等进行混合处理，并采用机械翻堆后发酵，堆肥过程中应提供充足的氧气满足好氧微生物的活动，提供适当的碳氮比，堆肥温度控制在60~70℃，相对湿度控制在40%~50%，建议采用聚四氟乙烯等材质覆盖膜密封料堆。

第五节 设施渔业

设施渔业是指在水体中建立人工设施，如网箱、池塘、海水淡化设备等，用于养殖各类水产动物的经营方式。相比传统的捕捞渔业，设施渔业能够提高水产品的产量、质量和可持续性，为满足人们日益增长的需求提供了重要支持。

设施渔业主要包括稻渔综合种养、池塘工程化循环水养殖、集装箱养鱼、工厂化循环水养殖、鱼菜共生、盐碱地渔农综合利用、多营养层次养殖、深水抗风浪网箱养殖等多个模式。其中，工厂化循环水养殖成为近年来最受关注的养殖方式。下面主要介绍工厂化循环水养殖模式。

一、工厂化循环水养殖模式概述

工厂化循环水养殖模式集现代工程、机电、生物、环保及饲料等多学科于一体，在相对封闭空间内，利用过滤、曝气、生物净化、杀菌消毒等物理、化学及生物手段，处理、去除养殖对象的代谢产物和饵料残渣，使水质净化并循环使用，仅需少量补水，便可进行水产动物高密度强化培育。该养殖模式主要养殖高价值的鱼类，如鲆鲽、石斑鱼、虹鳟等。

二、工厂化循环水养殖模式的系统

工厂化循环水养殖主要包括水产养殖池、水质过滤系统、水质监测系统、增氧系统、控温系统、消毒系统、投饵系统等。

（一）水产养殖池

水产养殖池是养殖生物整个生命周期的生长空间，是循环水养殖系统的关键基础设施。养殖池根据其形状主要分为圆形池、矩形池、正方形池、矩形圆弧角养殖池、八角养殖池等。

（二）水质过滤系统

水质过滤系统主要包括机械过滤系统和生物过滤系统。其中，机械过滤系统是指将未经养殖池的水先通过水处理设备进行多次过滤及消毒杀菌等净化处理后再进入养殖池的一种水处理系统，常用设备有微滤机、蛋白质分离器等。生物过滤系统是水处理系统的关键技术环节，是利用特定的生物培养器，培育有益菌群，使之能分解养殖水体中的有害物质，从而达到净化水质的目的。

（三）水质监测系统

水质监测系统是一套以在线自动分析仪器为核心，运用现代传感技术、自动测量技术、自动控制技术、计算机应用技术以及相关的专用分析软件和通信网络组成的一个综合性的在线自动监测体系，可尽早发现水质的异常变化，为防止下游水质污染迅速做出预警预报，及时追踪污染源，从而为管理决策服务。

（四）增氧系统

增氧系统主要采用增氧机、微孔曝气等技术增加水中的氧气含量以确保水中的生物不会缺氧，同时也能抑制水中厌氧菌的生长，防止池水变质威胁鱼类生存环境。增氧机一般是靠其自带的空气泵将空气打入水中，以此来实现增加水中氧气含量的目的。

目前，应用最广的是微孔曝气增氧机。微孔曝气增氧机是一种利用压缩机和高分子微孔曝氧管相配合的曝气增氧装置。曝气管一般布设于池塘底部，利用压缩空气通过微孔逸出形成的细密气泡增加水体和气体的交换量，随着气泡的上升，硫化氢、氨氮等有毒气体被带出水面，下层水体中的肥泥、有机排泄物、剩余变质的饵料等难分解的有机物，因充足的微孔曝气增氧，转化为易于微生物分解的有机物，水体自我净化功能得以恢复。

（五）控温系统

控温系统采用一些加热或制冷设备，控制养殖系统内水环境的温度，以便为养殖对象提供最适宜的温度环境。常用设备有煤锅炉、热泵、太阳能等。其中，热泵技术以其低投入、高产出的优越性在建筑采暖制冷中得到广泛应用，将其应用到水产养殖中更具优势。

（六）消毒系统

消毒系统一般采用臭氧消毒技术、紫外线杀菌等方法提高水质质量，也可利用消毒剂的氧化性及对病原体渗透压的改变，破坏水体中病原微生物的膜结构，使病原体中酶和蛋白质失去活性，进而致其死亡。

一方面，消毒可杀灭水体中的病原微生物，降低鱼类感染的风险，减少鱼病的发生，并能调节水质；另一方面，消毒产品都具有一定的氧化性和刺激性，对水产动物造成一定的损伤，加之水体是一个变化的、复杂的系统，某些化学物质对水体环境易造成负面影响。所以，选择合适的消毒时机、合适的消毒产品以及合理控制用量非常重要。

（七）投饵系统

投饵机是投饵系统的关键组成部分，从应用范围可分为池塘投饵机、网箱投饵机和工厂化养鱼自动投饵机；从投喂饲料性状分为颗粒饲料投饵机、粉状饲料投饵机、糊状饲料投饵机和鲜料饲料投饵机；根据被投饲料的性质不同可分成喷浆设备和颗粒饲料投饲设备两类。

三、工厂化循环水养殖的注意事项

（一）养殖密度

根据养殖生物的种类和生长阶段合理安排养殖密度，保证养殖生物的生长和健康。过高的养殖密度会导致水质恶化、病害增多等问题，影响养殖效益。

（二）饲料管理

需要选择符合养殖需求和质量要求的饲料，并根据养殖生物的生长阶段和摄食习惯制定合理的投喂方案。

（三）病害防治

一方面要加强养殖环境的卫生和消毒工作；另一方面要合理使用药物，避免对养殖生物和环境造成负面影响。

参考文献

李建明，2020.设施农业概论[M].2版.北京：化学工业出版社.

李卫欣，2018.蔬菜优质快速育苗技术[M].北京：化学工业出版社.

马跃，崔改泵，邵凤成，2017.设施蔬菜生产经营[M].北京：中国农业科学技术出版社.

孙廷，连进华，2015.设施园艺生产技术[M].北京：中国农业大学出版社.

王迪轩，2019.现代蔬菜栽培技术手册[[M].北京：化学工业出版社.

王振平，王文举，2017.果树设施环境调控理论与栽培技术[M].宁夏：阳光出版社.

张晓丽，焦伯臣，2016.设施蔬菜栽培与管理[M].北京：中国农业科学技术出版社.

郑锦荣，吴仕豪，张长远，等，2020.现代设施园艺新品种新技术[M].北京：中国农业出版社.